博
雅

Liberal Arts

文质彬彬　然后君子

博雅经典

章宏伟　主编

菊　谱

［宋］刘　蒙　等　撰

杨　波　注译

中州古籍出版社
·郑州·

图书在版编目(CIP)数据

菊谱／（宋）刘蒙等撰；杨波注译. —郑州：中州
古籍出版社，2015.6（2020.9重印）
（博雅经典／章宏伟主编）
ISBN 978-7-5348-5101-8

Ⅰ. ①菊… Ⅱ. ①刘… ②杨… Ⅲ. ①菊花－
观赏园艺－图谱 Ⅳ. ①S682.1-64

中国版本图书馆CIP数据核字(2014)第282692号

责任编辑　高林如
责任校对　岳秀霞
装帧设计　曾晶晶

出版发行　中 州 古 籍 出 版 社
　　　　　　　地址：郑州市郑东新区祥盛街27号6层
　　　　　　　邮编：450016　电话：0371-65788693
经　　销　河南省新华书店
印　　刷　河南大美印刷有限公司
开　　本　16开（640毫米×960毫米）
印　　张　14
印　　数　3 001—5 000册
版　　次　2015年6月第1版
印　　次　2020年9月第2次印刷
定　　价　39.00元

本书如有印装质量问题，由承印厂负责调换。

目 录

导　读

中国古代社会是典型的农业社会，人们与自然界的关系非常密切，各类典籍中关于植物的记载触目皆是。明代袁宏道《瓶史·好事》中有一段精彩的描述，形象地再现了古人爱花成癖的状貌："古之负花癖者，闻人谈一异花，虽深谷峻岭，不惮蹶躄而从之。至于浓寒盛暑，皮肤皴鳞，汗垢如泥，皆所不知。一花将萼，则移枕携襆，睡卧其下，以观花之由微至盛、至落、至于萎地而后去。或千株万本以穷其变，或单枝数房以极其趣，或臭叶而知花之大小，或见根而辨色之红白。是之谓真爱花，是之谓真好事也。"① 清代李渔《闲情偶寄·梅》中记叙其赏梅之兴致："花时苦寒，即有妻梅之心，当筹寝处之法。否则衾枕不备，露宿为难，乘兴而来者，无不尽兴而返，即求为驴背浩然，不数得也。观梅之具有二：山游者必带帐房，实三面而虚其前，制同汤网，其中多设炉炭，既可致温，复备暖酒之用。此一法也。园居者设纸屏数扇，覆以平顶，四面设窗，尽可开闭，随花所在，撑而就之。此屏不止观梅，是花皆然，可备终岁之用。……此一法也。"② 与上述记载相类似，中国自古就有艺菊、赏菊、品菊、咏菊、画菊的传统，菊花文化也以其独特的魅力在中国传统文化中占据着重要的地位，并呈现出从实用功能到审美功能演变的历史轨迹：无论是屈原《离骚》中的"朝饮木兰之坠露兮，夕餐秋菊之落英"，陶渊明《饮酒》中的"采菊

---

① ［明］袁宏道：《瓶史》卷下，明万历年间周应麟刻本。

② ［清］李渔：《闲情偶寄》，王永宽等注解，中州古籍出版社2013年版，第343页。

东篱下，悠然见南山"，还是重阳佳节的登高饮菊花酒，抑或是建筑、器物、绘画等表现形式对菊花的艺术再造，菊花带给中国人太多的精神文化享受，多愁善感的中国古代文人也赋予菊花很多的人生感悟。

一

汉代以前，菊事活动以艺菊为主，菊花的原始文化内涵突出表现为三大实用功能，即物候、药用和食用功能。两千多年前的《礼记·月令》中，已经有关于菊花的记载："季秋之月，鞠有黄华。"这是菊花在物候学上的最早记载，也是菊花最初的文化内涵。晋人周处《风土记》也说菊"生依水边，其华煌煌，霜降之时，唯此草茂盛"。菊花全身都是宝，菊花的药用价值很早就为人所关注。中国古代最早的本草学著作《神农本草经》记载了菊花的药用价值，称白菊花"主诸风头眩、肿痛，目欲脱，泪出，皮肤死肌，恶风湿痹，利血气"，"菊花久服能轻身延年"。南朝陶弘景的《本草经集注》和明代李时珍的《本草纲目》，也都有关于以菊治病的记载。正如清代刘宝楠《论语正义》所云："鸟兽草木，所以贵多识者，人饮食之宜，医药之备，必当识别，匪可妄施。故知其名，然后知其性。《尔雅》于鸟兽草木，皆专篇释之，而《神农本草》亦详言其性之所宜用，可知博物之学，儒者所甚重矣。"① 菊花的食用功能也相传已久。旧题晋葛洪所撰《西京杂记》记载，"菊花舒时，并采茎叶，杂黍米酿之，至来年九月九日始熟，就饮焉，故谓之菊花酒"，"蜀人多种菊，以苗可入菜，花可入药，园圃悉植之，郊野人采野菊供药肆"。可以这样说，战国以来求仙问药的传说和汉代道教的长生理论赋予了菊花延寿成仙的神奇色彩，重阳节饮菊花酒消灾的习俗丰富了菊花的民俗意义，把菊花酒当作滋补药品或长寿酒相互馈赠的习俗也逐渐沿袭下来。

与其他观赏植物一样，菊花也体现出鲜明的文化特征。一方面，菊花

---

① ［清］刘宝楠：《论语正义》，中华书局1990年版，第689页。

有着从实用功能到审美意义的演变过程。历代文人雅客对花草树木的欣赏癖好，实质上是一种心灵上的审美追求。众所周知的陶渊明爱菊、林逋爱梅、周敦颐爱莲、邵雍甚爱牡丹等行为，都是人们审美追求的生动体现。菊花最早进入古人的审美视野始于屈原，而开创菊花审美内涵并使之定型的是陶渊明。南宋胡仔《苕溪渔隐丛话》有云："先君《题泗上秋香亭》诗：'骚人足奇思，香草比君子。况此霜下杰，清芬绝兰茞。'自渊明妙语一出，世皆师承用之，可谓残膏剩馥，沾丐后人多矣。"① 南宋著名的爱国词人辛弃疾亦有"自有渊明始有菊，若无和靖即无梅"（《浣溪沙·种梅菊》）之叹。到了唐代，时人重九赏菊、插菊的风气很浓，文人作品中陶菊、东篱菊的意象随处可见，而宋代理学的发展为咏菊文学培育了肥沃的历史土壤，道家返朴守拙、清静淡泊的思想境界也日渐影响着同时期的文学创作，菊花的审美内涵有了突飞猛进的发展。据孟元老《东京梦华录》和周密《武林旧事》记载，当时的都城开封和杭州种菊、赏菊风气浓厚，大型菊展经常举办。另一方面，作为中国古代的传统花卉，菊花是古代文学中常见的题材和意象，借花卉意象来譬喻说理逐渐成为古代文学作品中常用的手法。唐代罗虬撰文《花九锡》，以古代帝王礼遇臣子的九种最高赏赐来称道鲜花；宋代张翊戏造《花经》，以朝廷九品九命的品级方式为群花划分等级；明代袁宏道著《瓶史》，不但在《花目》、《品第》、《使令》三篇中确定花之次第高下，而且强调花草必须区分主次、搭配适宜，为推动花草由园丁地头到文人案头的发展历程奠定了重要基础。史铸《百菊集谱》中有一段关于唐宋诗中以菊花拟人的精彩评论："唐宋诗人咏菊罕有以女色为比，其理当然。或有以为比者，唯韩偓叹白菊云：'正怜香雪披千片，忽讶残霞覆一丛。还似妖姬长年后，酒酣双脸却微红。'此唐人语也。又魏野有菊一绝云：'正当摇落独芳妍，向晚吟看露泫然。还似六宫人竞怨，几多珠泪湿金钿。'此本朝诗也。愚窃谓菊之为卉，贞秀异常，独能悦茂于风霜摇落之时，人皆爱之，当以贤人君子为比可也。若辄比为女

---

① ［宋］史铸：《百菊集谱》，四库全书本。

色，岂不污菊之清致哉！"这种"最终都以高士拟喻的方式为至高归宿"①的拟人写法，代表着古代咏菊作品的主流审美倾向。

人们对于菊花的审美认知，在不同时代呈现出不同的特点，主要体现在文学作品中关于菊花的不同记载上，如东晋陶渊明诗认为"酒能祛百虑，菊解制颓龄"，南宋史正志《史氏菊谱》说菊"苗可以菜，花可以药，囊可以枕，酿可以饮"，陆游《老态》诗称"头风便菊枕，足痹倚藤床"，郑思肖《画菊》诗称"花开不并百花丛，独立疏篱趣未穷。宁可枝头抱香死，何曾吹落北风中"等，都流露出不同时期人们对菊花不同作用的关注。而李渔《闲情偶寄·菊》中，称赞"菊花者，秋季之牡丹、芍药也"，"则菊花之美，非天美也，人美之也"，"予尝观老圃之种菊，而慨然于修士之立身与儒者之治业。使能以种菊之无逸者砺其身心，则焉往而不为圣贤？使能以种菊之有恒者攻吾举业，则何虑其不掇青紫？乃士人爱身爱名之心，终不能如老圃之爱菊，奈何"②，则是关于菊花文化特征的高度概括。

可以这样说，先秦时期，人们对于菊花的审美认识主要表现在菊花的人格象征功能方面，以屈原为代表；魏晋南北朝时期，以陶渊明为代表的诗人，为菊花注入了隐逸内涵和高洁刚贞的品格，奠定了中国菊文化的基础；唐宋时期，人们对菊花的审美认知中体现出鲜明的伦理倾向，菊花与其他花卉意象共同深化了中国花卉文化的深层次内涵；宋元以后，官方与民间并重的菊事活动推动着菊文化的繁荣，菊花成为重阳诗作的重要题材，成为"四君子"题材绘画的重点表现对象，成为插花、盆景等工艺作品中的常见意象。菊花意象凝聚了古人历史文化心理的漫长积淀，具有独一无二的文化特征。

随着菊花品种的增多和栽种范围的不断扩大，菊花越来越多地进入人们研究的视野。唐宋以来的大型类书中，先后出现了专门的菊条、菊门

---

① 程杰：《宋代咏梅文学研究》，安徽文艺出版社 2002 年版，第 315 页。
② ［清］李渔：《闲情偶寄》，王永宽等注解，中州古籍出版社 2013 年版，第390—391 页。

等，唐代类书如欧阳询《艺文类聚》100卷、徐坚等《初学记》30卷，宋代载有花果草木的类书如佚名《锦绣万花谷》120卷、祝穆《事文类聚》170卷、陈景沂《全芳备祖》58卷、谢维新《古今合璧事类备要》366卷，明代王象晋的《群芳谱》30卷，以及清代康熙年间《御定佩文斋广群芳谱》100卷、《古今图书集成》10000卷等皇皇巨著中，均有菊花的相关记载。在众多与菊花相关的著作或作品中，菊谱的出现不仅标志着古代园艺技术的进步，而且成为展示菊花品种丰富多样、姿态绚丽多姿、题材内涵丰富的重要载体。自宋代刘蒙编纂的第一部菊谱问世以来，编纂菊谱者代有人出，尤其以宋、明两代成就最为突出。

二

宋代为花果编纂谱录之风非常兴盛，堪称菊谱编纂的奠基时期。史铸《百菊集谱序》称"万卉蕃庑于大地，唯菊杰立于风霜中，敷华吐芳，出乎其类，所以人皆贵之。至于名公佳士作为谱者凡数家，可谓讨论多矣"。除了僧仲休（一作仲殊）的《越中牡丹花品》，周师厚的《洛阳花木记》，蔡襄的《荔枝谱》，韩彦直的《橘录》，范成大的《梅谱》，陈思的《海棠谱》，赵时庚、王学贵的《兰谱》两种，欧阳修、周师厚、陆游的《牡丹谱》三种，刘攽、王观、孔武仲的《芍药谱》三种外，还涌现出众多的专类菊谱。

宋人所编辑的专类菊谱有八种之多，基本属于园艺学的范畴，主要论述了菊花的形态、品种、用途和栽培方法等。宋代的菊谱大多以黄色为贵，以白色为正，以红、紫二色为杂。史铸《百菊集谱》卷三称："以诸公诗词观之，果见其所谓春菊、夏菊、秋菊、寒菊者也。虽然，此当以开于秋冬者为贵，开于夏者为次，开于春者未必是真菊也。若论其色，亦有差等，菊当以黄为尊，以白为正，以红紫为卑。"胡仔《苕溪渔隐丛话》亦云："菊春夏开者，终非其时；有异色者，亦非其正。"刘蒙、史正志、范成大三家菊谱流传较广，影响较大，下文专论，兹不赘述。此处仅就胡融、马揖、沈竞、文保雍、史铸五家菊谱的作者生平、内容形制、存佚情况等简要加以介绍。

胡融菊谱。胡融，字子化，又字少瀹，号四朝老农，宁海（今属浙江）人，终身隐居不仕。著有《图形菊谱》、《土风志》等。南宋庆元二年（1196），胡融与当时的著名文士刘俣、王度、周仲卿、李揆等一同登城外石台山，饮酒作长诗《石台联句》，共38句、488字，一时传为佳话，次年勒石棋坪岩下。该石刻历经800多年风雨，至今仍依稀可辨。刘俣对胡融的才华非常推崇，其《次韵胡少瀹题梁王山蟠松诗》末尾几句云："吁嗟九原相如不可作，飘飘词赋谁摩穿。阆风逸民自愧才力薄，北斗以南唯有四朝之老农。"胡融所编菊谱原本已不可寻，然史铸《百菊集谱》卷五摘录其部分内容，或可窥其一斑。《四库全书总目·百菊集谱提要》谓"其书作于淳祐壬寅，先成五卷；越四年丙午，续得赤城胡融谱，乃移原书第五卷为第六卷，而撅融谱为第五卷。又四年庚戌，更为《补遗》一卷。观其自题，作《补遗》之时，已改名为《菊史》矣。而此仍题《百菊集谱》，岂当时刊板已成，不能更易耶"，其中"五卷即所增胡融谱及栽植事实，附以张栻赋及杜甫诗话一条"。四库全书本《百菊集谱》卷五先后著录有史铸序、胡融菊谱序、菊名（41种）①、栽植（包括初种、浇灌、摘脑）、事实（征引《岭南异物志》、巴东县将军滩对岸菊花、东坡帖三条），附录南宋著名理学家张栻的《菊赋》，并对"杜甫诗以甘菊名石决"之事加以考证，指出："甘菊一名石决，为其明目去翳，与石决明同功，故吴越间呼为石决，子美所叹正此花耳！而杜、赵二公妄引本草以为决明子，疏矣哉！"②清代最有影响的杜诗注本之一《钱注杜诗》，曾征引此条笺注杜诗。《百菊集谱》卷五史铸序云："淳祐丙午中

---

① 陆廷灿《艺菊志》记录的胡融菊谱中菊花品种数为43种，与《百菊集谱》所载名称、数量均有出入。

② 子美所叹：指唐代大诗人杜甫《秋雨叹》诗其一，首、颔两联诗云："雨中百草秋烂死，阶下决明颜色鲜。著叶满枝翠羽盖，开花无数黄金钱。"子美，杜甫字。杜、赵二公：指杜定功和赵子栎，前者注详杜诗，后者是元祐六年进士，官至宝文阁直学士，著有《杜工部诗年谱》一卷。

夏，愚始饬工为此锓梓。越旬余，又得同志陆景昭特携赤城胡融尝于绍熙辛亥岁撰《图形菊谱》二卷以示。所恨得见之晚，不及置于其前。今姑撮其要并序，续为第五卷云。"淳祐丙午，即南宋理宗淳祐六年（1246）；绍熙辛亥，即南宋光宗绍熙二年（1191）。根据此序所载，则胡融菊谱成书时间较史铸菊谱早了半个世纪。胡融菊谱虽内容不完整，但其文献价值和学术价值不可小觑。

马揖菊谱。马揖，字伯升，南宋建阳（今属福建）人，生卒年不详。淳祐壬寅之秋（1242），撰成菊谱。生平事迹略见于史铸《百菊集谱补遗》。据史铸《百菊集谱补遗序》载："前编始成，愚乃标之为《百菊集谱》。因同里判簿兆伟伯见之，乃裒以假名，曰《菊史》。续又见古人江奎诗有'他年我若修花史'之句，高疏寮有《竹史》之作，但铸才疏识浅，所愧不足联芳于前贤，乃者物色府察，卢舜举（讳选）录示《黄华传》，近又蒙同志陆景昭假及《蘜先生传》，今故并行校正，列于《补遗》卷端，戏表此编滥有称史之名耳！昔淳祐庚戌岁季春吉旦，愚斋史铸颜甫识。"①《百菊集谱补遗目录》录有邢良孚撰《黄华传》、马揖撰《蘜先生传》、杂识、辨疑、诗赋、《晚香堂题咏》、续集句诗、新词、正误9个条目。《百菊集谱补遗》正文首录马揖《晚香堂品类》（自注：此除诸谱重复之名），内列菊花24种，依次为渊明菊、大夫菊、处士菊、三顾菊、黄金盏菊、簇金菊、金箭头菊、金骨朵菊、黄金带菊、银钱菊、玉盘珠菊、玉珑璁菊、伴梅菊、荼菊、松子菊、金陵菊、江阴菊、江阴白菊、献岁菊、四季菊、中秋菊、凤头黄菊、闹蛾儿菊、墨菊。② 中间收录《蘜先生传》，作者题为"建阳马揖"，用拟人化的手法讲述了菊花的发展源流、地缘特色、逸闻典故、象征意义等。又载《晚香堂题咏》，作者题为"马揖伯升"，分别以"爱菊"、"对菊"、"赏菊"、"友菊"、"茹菊"、"渊明

---

① ［宋］史铸：《百菊集谱》，四库全书本。
② 陆廷灿《艺菊志》中亦辑录有《晚香堂品类》，内列菊品21种，名称与《百菊集谱补遗》所列有所不同，依次为渊明菊、大夫菊、处士菊、三顾菊、黄金盏菊、簇金菊、金箭头、金骨朵、黄金带、玉盘珠、玉珑璁、银钱菊、伴梅菊、荼菊、金陵菊、江阴菊、凤头黄菊、闹蛾儿菊、献岁菊、中秋菊、四季菊等。

菊"、"大夫菊"、"处士菊"、"伴梅菊"、"金钱菊"、"黄金盏菊"、"小金铃菊"、"万铃菊"、"玉盘珠菊"、"茶菊"、"闹蛾儿菊"、"墨菊"、"对菊有感"、"白菊"、"紫菊"为题赋诗一首，并在部分菊花品名下对其形态、大小、颜色、特点简要加以描述，可谓形神兼备。《晚香堂题咏》后有史铸的一段跋语，对马揖菊谱的情况进行了生动的介绍，堪称了解马揖菊谱的一把钥匙，其跋曰："铸淳祐壬寅之夏尝序菊谱刊梓，以便夫观览。越数年，忽得《晚香堂百咏》。开卷伏读，则知马君先辈酷爱此花，无日而不以为乐，亦尝作谱于淳祐壬寅之秋。愚味其诗，立意清新，造语骚雅，体题明白，世所未有也。第愧铸耄拙非才，不足追攀英躅，又不识隐君燕逸何方，与吾乡限隔江山几许里，而获闻贤士君子志同道合如此，登堂拜面，其愿莫遂，实劳我心。今姑摭二十篇附于右，将以益衍其传云。"①著名词人刘克庄（字潜夫，号后村居士）曾为建阳县令，并为马揖菊谱作序，其《题建阳马君菊谱》称"建阳马君谱菊得百种，各为之咏"②，当指史铸所云之《晚香堂百咏》。

沈竞菊谱。沈竞，字庄可，号菊山，南宋孝宗时进士。关于沈竞籍贯，历来有两种说法：一说分宜（今属江西）人。《正德袁州府志》卷七《科第》载："沈庄可，号菊山，孝宗时进士，分宜人。"钱志熙《说戴复古的两首诗——五律〈寄沈庄可〉、〈山行〉》一文主此说，对沈庄可生平事迹考证颇详。③一说吴中（今江苏苏州）人。史铸《百菊集谱序》主此说。史铸距沈竞生活年代不远，其《百菊集谱》中所录其他各谱作者生平事迹及菊谱内容与初刻本极为接近，故而其可信度更高。笔者赞同史铸的吴中说。沈庄可为人颇有风骨，其诗亦有诗骨，与诗人戴复古、乐雷发、郭应祥等多有诗词唱和。《戴复古诗集》卷二载有戴复古与沈庄可交往的两首诗。第一首题作《寄沈庄可》："无山可种菊，强号菊山人。结

---

① ［宋］史铸：《百菊集谱》，四库全书本。
② ［清］陆廷灿：《艺菊志》卷三，四库全书存目丛书本。
③ 钱志熙：《说戴复古的两首诗——五律〈寄沈庄可〉、〈山行〉》，《文史知识》2012年第1期。

得诸公好，吟成五字新。红尘时在路，白发未离贫。吾辈浑如此，天公似不仁。"① 第二首题作《沈庄可号菊花山人，即其所言》："老貌非前日，清吟似旧时。已无藏酒妇②，幸有读书儿。连岁修茅屋，三秋绕菊篱。寒儒有奇遇，太守为刊诗。"宋宁宗嘉定年间（1208—1224）进士郭应祥所作《虞美人（次沈庄可韵）》词曰："天公有意留君住。故作纤纤雨。闭门觅句自持觞。并舍官梅时有、过来香。　　沈郎诗骨元来瘦。更挹湘江秀。不须骂雨及嘲风，收拾个般都入、锦囊中。"乐雷发《访菊花山人沈庄可》诗亦云："网尽珊瑚采尽珠，史餐秋菊养诗臞。永嘉同社声名在，乾道遗民行辈孤。我恨朱门无食客，君言青史有穷儒。饥寒正用昌吾道，用对钤冈共捻须。"不唯如此，沈庄可所作《题分宜上松晚香堂》诗，亦有"老圃秋色淡，自爱晚节香"、"愿坚岁寒操，有如傲霜黄"之句。据《正德袁州府志》卷九《遗事》载："沈菊山性嗜菊，由进士知钱塘县，尝植菊数百本以自乐。晚操益坚，适以九月九日没。朱文公挽之诗：'爱菊平生不爱钱，此君原是菊花仙。正当地下修文日，恰值人间落帽天。生与唐诗同一脉，死随陶令葬千年。如今忍向西郊哭，东野无儿更可怜。'"沈竞菊谱无单行本传世，散见于史铸《百菊集谱》卷中。史铸《百菊集谱序》云："近而嘉定癸酉（1213）吴中沈公（阙）乃摭取诸州之菊，及上至于禁苑所有者，总九十余品，以著于篇（史铸自注：菊名篇第四），亦一谱也。"《百菊集谱》卷二首列《诸州及禁苑品类》，题为"吴人沈竞撰谱"，下有史铸注云："元本列为六篇，愚今乃分入集谱诸门。"正文分别就潜山、舒州、潜江、临安、长沙、浙江、金陵等地的菊花逐一描述，并附列御袍黄、御衣黄、白佛头、黄佛头、黄新罗、白新罗等近 60 个菊花品种。《百菊集谱》卷三"种艺"条下亦录沈庄可菊谱内容 5 条，依次为第 67 页"吴门菊"条、第 68 页"豫章菊"条、第 71 页"周濂溪"条和"东平府"条、第 75 页"徐仲车"条。此外，清陆廷灿《艺菊志》也

---

① 金芝山点校：《戴复古诗集》，浙江古籍出版社 1992 年版。

② 此处用苏轼《后赤壁赋》之典："归谋之妇。妇曰：'吾有斗酒，藏之久矣，以待子不时之须。'"

收录沈竞菊谱中菊品 20 种，则沈竞菊谱在明清两代传播都很广，影响也相当大。

文保雍菊谱。文保雍，生平事迹不详。考《苏东坡全集·外制集》中卷有《文保雍将作监丞》，曰："敕。具官文保雍：朕仰成元老，如涉得舟，待以求济。苟有以燕安之，使乐从吾游，而忘其老，朕无爱焉。大匠之属，未足以尽汝才也。而从政之余，遂及尔私，并事君亲，岂不休哉！"① 史铸《百菊集谱》卷三"种艺"条下亦载："文保雍《菊谱》中有《小甘菊》诗：'茎细花黄叶又纤，清香浓烈味还甘。祛风偏重山泉渍，自古南阳有菊潭。'"愚斋云："此诗得于陈元靓《岁时广记》，今类于此。所谓保雍之谱，恨未之识也。"② 据考，宋陈元靓《岁时广记》卷二十二"采菊茎"条载："《食疗》云：'甘菊平，其叶正月可采，可作羹，茎五月五日采，花九月九日采，并主头风、目眩、泪出，去烦热，利五脏。野生苦菊不可用。'又《提要录》云：'端午采艾叶，立冬日采菊花叶，烧灰，沸汤泡，澄清，洗眼妙。'"③ 又，《小甘菊》诗见于《岁时广记》卷三十四"重九"上"致菊水"条，原文作："《豫章记》：'郡北龙沙九月九日所游宴处，其俗皆然也。'按：《抱朴子》云：'南阳郦县有甘菊水，民居其侧者，悉食其水，寿并四百五十岁。汉王畅刘宽袁隗临此郡，郦县月致三十斛水，以为饮食，诸公多患风痹及眩冒，皆得愈。'文保雍《菊谱》中有《小甘菊》诗云：'茎细花黄□又纤，清芬浓烈味还甘。祛风偏重山泉渍，自古南阳有菊潭。'"④ 与《百菊集谱》相比，《岁时广记》中"叶"字阙文，"香"作"芬"，虽有异文，仍可作为佐证。⑤

史铸菊谱。史铸，字颜甫，号愚斋，别号山阴菊隐，山阴（今浙江绍兴）人。生平不详。晚年爱菊成癖，著有《百菊集谱》6 卷，《补遗》1

---

① ［宋］苏轼：《苏东坡全集》，中国书店 1986 年据世界书局 1936 年版影印本，第 612 页。

② ［宋］史铸：《百菊集谱》，四库全书本。

③ ［宋］陈元靓：《岁时广记》，台北新兴书局 1984 年版，第 2765—2766 页。

④ ［宋］陈元靓：《岁时广记》，台北新兴书局 1984 年版，第 3116—3117 页。

⑤ 王珂：《岁时广记新证》，《兰州学刊》2011 年第 1 期。

卷。《百菊集谱》卷首、卷中、卷尾数则序跋，清晰地描述出史铸编撰刊刻《百菊集谱》的曲折历程和执着情怀。一是史铸《百菊集谱序》，详述《百菊集谱》初次编撰的经过及大致内容。序云："万卉蕃庑于大地，唯菊杰立于风霜中，敷华吐芬，出乎其类，所以人皆贵之。至于名公佳士作为谱者凡数家，可谓讨论多矣。铸晚年亦爱此成癖，且欲多识其品目，未免周询博采，有如元丰中鄞江周公师厚所记洛阳之菊二十有六品，即《洛阳花木记》；崇宁中彭城刘公蒙所谱虢地之菊三十有五品；淳熙乙未省郎史公正志所谱吴门之菊二十有八品；淳熙丙午大参范公成大所谱石湖之菊三十有六品；近而嘉定癸酉吴中沈公（阙）乃摭取诸州之菊，及上至于禁苑所有者，总九十余品，以著于篇，亦一谱也。凡此一记四谱，俱行于世。此外又有文保雍一谱，求之未见。铸自端平至于淳祐，凡七年间，始得诸本，且每得一本，快睹谛玩，窃有疑焉。……岂群贤作谱采访有所未至邪？胡为品目之未备，吁可怪也！于是就吾乡遍涉秋园，搜拾所有，悉市种而植之，俟其花盛开，乃备述诸形色而纪之，有疑而未辨，则问于好事而质之。夫如是，则古称九华者，于斯复见矣，且至于四十品，是为越谱。至此一记五谱，班班品列，名曰《百菊集谱》。今则特加种艺与夫故事、诗赋之类，毕萃于此，庶几可以并广所闻云。时淳祐壬寅（1242）夏五既望，愚斋史铸序。"二是《百菊集谱》卷二所录史铸撰《菊谱·越中品类序》，讲述了史铸编撰菊谱的情况。文曰："以下诸菊之次第，所排近似失序。此盖粗以形色之高下而为列，非徒徇名而已，比之前后二目不同。凡菊之开，其形色有三节不同，谓始、中、末也。今谱中所纪，多纪其盛开之时。"序后按照黄色（22 种）、白色（13 种）、红色（3 种）、滥号（5 种）、列诸谱外之菊（10 种）次序编排各种菊花。三是《百菊集谱》卷五史铸序，讲述了补编胡融菊谱为《百菊集谱》卷五的经过。《百菊集谱》卷五史铸序云："淳祐丙午中夏，愚始饬工为此锓梓。越旬余，又得同志陆景昭特携赤城胡融尝于绍熙辛亥岁撰《图形菊谱》二卷以示。所恨得见之晚，不及置于其前。今姑摭其要并序，续为第五卷云。"胡融菊谱成书时间较早，史铸虽然只是"摭其要并序"，但是其文献价值和学术价值不可小觑。四是史铸《百菊集谱》卷六附录后序，系史铸自述收录平日所作关于菊花的体题诗和集句诗入《百菊集谱》的原因。《百菊集谱》卷六附有史铸的一段自述文字，曰："愚自丙申迄于甲辰，每得菊之一品一目，必稽于众，其言同者，然后笔而记之。今谱内有六品尚阙其说，缘愚曩尝一见，今畦丁罕种，未获再核，以取其故也。凡九年间，于吾乡得正品与滥号假名者，总四十五种，以次诸谱之后。予昨当花时，每岁须苦吟体题诗与集句诗一二十篇，以揄扬众品之清致。积稔弥久，几至二百篇。今选百篇滥赘卷尾，至此兴尽而绝笔矣。尔后虽间有黄蔷薇、金万铃之类始出，然愚年将耄，景则缬眼，倦于辨视，未容苟简增入也。如有与我同志者，幸为续谱云。"① 五是史铸《百菊集谱补遗序》，讲述了史铸淳祐十年（1250）校正并刊刻《百菊集谱补遗》的情况。序载："前编始成，愚乃标之为《百菊集谱》。因同里判簿兆伟伯见之，乃哀以假名，曰《菊史》。续又见古人江奎诗有'他年我若修花史'之句，高疏寮有《竹史》之作，但铸才疏识浅，所愧不足联芳于前贤，乃者物色府察，卢舜举（讳选）录示《黄华传》，近又蒙同志陆景昭假及《蘜先生传》，今故并行校正，列于《补遗》卷端，戏表此编滥有称史之名耳！昔淳祐庚戌岁季春吉旦，愚斋史铸颜甫识。"② 六是《百菊集谱补遗》中所载史铸《晚香堂题咏》跋语。这段跋语主要介绍了马揖菊谱的大致情况，堪称了解马揖菊谱的一把钥匙，其跋曰："铸淳祐壬寅之夏尝序菊谱刊梓，以便夫观览。越数年，忽得《晚香堂百咏》。开卷伏读，则知马君先辈酷爱此花，无日而不以为乐，亦尝作谱于淳祐壬寅之秋。愚味其诗，立意清新，造语骚雅，体题明白，世所未有也。第愧铸毫拙非才，不足追攀英躅，又不识隐君燕逸何方，与吾乡限隔江山几许里，而获闻贤士君子志同道合如此，登堂拜面，其愿莫遂，实劳我心。今姑撼二十篇附于右，将以益衍其传云。"③ 此外，《四库全书总目·百菊集谱提要》谓"其书作

---

① ［宋］史铸：《百菊集谱》，四库全书本。
② ［宋］史铸：《百菊集谱》，四库全书本。
③ ［宋］史铸：《百菊集谱》，四库全书本。

于淳祐壬寅，先成五卷；越四年丙午，续得赤城胡融谱，乃移原书第五卷为第六卷，而摭融谱为第五卷。又四年庚戌，更为《补遗》一卷。观其自题，作《补遗》之时，已改名为《菊史》矣。而此仍题《百菊集谱》，岂当时刊板已成，不能更易耶"，也是此谱编撰相关情况的说明和补充。由于时代更迭、传刻多寡等主客观原因，有些菊谱已经亡佚，有些现存菊谱也或多或少存在着讹误现象。而史铸编辑两宋菊谱而成的《百菊集谱》，录菊花163品，成为宋代首部菊谱总集，为后世保留了众多宝贵的文献资料。

三

金元时期关于菊花的文献很少。清陆廷灿《艺菊志》卷三收录有金代田锡《菊枕赋》、元代杨维祯《九华先生》、郝经《牡丹菊赋》等，是为数不多的几篇菊花文章。田锡字永锡，宛平（今属河北）人。兴定五年（1221）进士，调新蔡主簿。诗作甚多，《过东坡墓》诗颇为人传诵。后在南阳闲居，遭乱南奔，病卒于江淮间。田锡《菊枕赋》以赋的形式对菊枕的神奇功效大加赞叹："于是抚菊枕以安体，怜菊脊之人面。当夕寐而神宁，迨晨兴而思健。或松醪醒而心顿祈醒，或春病瘳而目无余眩。益知灵效，虽琥珀以奚珍；自悦函芳，岂珊瑚之足羡"，并发出"致元首之康哉，美馨德兮难掩"的感慨。杨维祯《九华先生》记载菊花"凡一百三十六，黜其冒族类者，曰滴金、马蔺、童万、钱覆等凡六种，题曰《九华寿谱》，藏于家云"，是当时关于菊花的代表作品。此外，郝经《牡丹菊赋》中述及"朱砂红牡丹菊"，又其《观牡丹菊有感》诗云："黄花唤作牡丹菊，又唤芙蓉秋牡丹。幸自拒霜全晚节，强为春色亦应难。"

明清时期，皇族贵胄的积极参与和种植实践，推动着菊花园艺事业的快速发展。明代镇平郡王朱有燉所编的《德善斋菊谱》和清代宁郡王弘晈所编的《东园菊谱》，都是流传范围较小而文献价值比较珍贵的菊谱。囿于所见，笔者未能目睹这两部菊花著作，但从学界的研究文章中可窥得相关情况。

朱有炌编纂的《德善斋菊谱》，成书于明英宗天顺二年（1458），共收录开封地区菊花品种100品。朱有燉《菊花谱序》云："尝作玩菊亭于西园，植菊四十余本，皆可观也。"同时，《德善斋菊谱》内还记载了朱有燉《咏菊长篇》中提到的很多菊花名品。王华夫的论文《日本收藏中国农业古籍概况》（《农业考古》1998年第3期）、《明代佚本〈德善斋菊谱〉述略》（原载《中国农史》2006年第1期）、《〈菊谱百咏图〉简介》（原载《中国农史》2007年第4期），以及张荣东的论文《日藏明代孤本〈德善斋菊谱〉考述》等，先后对《德善斋菊谱》进行详细考述，指出此谱所录内容为明代前期开封地区菊花品种的图谱，全书主体分前后序言、目录、菊花图谱、配诗共四部分，每幅图前赋有七言绝句一首。前序为此谱编纂者朱有炌自撰，序中称"菊之可爱者，于草木消歇之时，风霜摇落之际，能挺然独秀，花薰芬芳，灿烂如锦，宜餐宜药"，"今取中州菊谱及予圃中所植者六十余品，与古之名色之异于今者，共一百品，每品图其形色并系小诗一首，辑为一编，目曰《德善斋菊谱》。虽不足追踪前人之著作，姑以为菊花品色高下之公据。若夫晚节清高幽香顿异以比正人达士，则前人已详言之矣，今不重赘。是为序。天顺二年秋九月菊节后一日书"。后序为朱有炌门人嘉兴严性善所题，序前有种植浇灌之法、菊花补遗等，序中有"周藩镇平王殿下尤笃爱之，取中州所有品色并圃中见有花名仅百种，图其形样，每色作诗一首，其用心实勤矣"之语，此序撰写时间亦为"天顺二年秋九月"。目录中共列菊花101品，其中黄色42品、白色20品、红色30品、紫色9品。最早著录《德善斋菊谱》的是明神宗万历四十四年（1616）焦竑所撰《国朝献征录》，清代黄虞稷《千顷堂书目》卷九著录为"镇平恭靖王有炫《德善斋菊谱》一卷"。据张荣东考证，"有炫"当为"有炌"之误。此本国内流传很少，日本《内阁文库汉籍分类目录》和《内阁文库图书第二部汉书目录》著录此谱的刊刻时间是贞享三年，即康熙二十五年（1686），则知其清初已经流传至日本。

清代弘晈所编《菊谱》，又名《东园菊谱》。弘晈，字镜斋，号东园，自号秋明主人、镜斋主人，有室名春晖堂，乃康熙之孙、和硕怡贤亲王胤祥之四子，雍正中封多罗宁郡王。弘晈《菊谱》初刻于乾隆二十二年（1757），卷前有慎亲王胤禧序、果亲王弘瞻序、怡亲王弘晓序、李锴序、鄂容安题辞、塞尔赫跋、弘晈菊谱小引等，正文共记菊品百种，文后依次为慎亲王《题东园菊谱铭》、果亲王《题东园菊谱后》、怡亲王《题秋明四兄菊谱后》。卷末附弘晈所编《菊表》，将百种菊列表评次，分为二等六品，其中神品上上 28 种，妙品上中 15 种，逸品上下 9 种，隽品中上 12 种，妍品中中 15 种，韵品中下 21 种。校勘此谱者李锴，字铁君，号眉山，又号焦明子，晚号豸青山人，乃大学士索额图的女婿。李锴是辽东人，隶汉军正黄旗，一生致力于经史，尤工诗词。为此谱绘图者乃山东人王延格，字青霞。延格多巧思，善山水花卉，与李铁君交好。所绘百种菊谱，虽染点取法恽寿平，而冷艳淡逸，别有运用之妙。弘晈《菊谱》现存乾隆二十二年（1757）乾隆春晖堂刻本和光绪乐椒轩刻本。其中乾隆春晖堂刻本为初刻本，版框高 18.4 厘米，宽 13 厘米。此本每半叶十行，行二十一字，白口，单鱼尾，四周双边，现藏于中国国家图书馆。

明清时期，民间菊花品种更加繁盛。明代艺菊水平提高不少，且有更多的艺菊专著和菊谱问世，如王象晋、黄省曾、马伯州、周履靖、高濂、乐休园等人都著有菊谱或菊话。其中王象晋《群芳谱》记载菊花 271 种，分黄、白、红、粉红、异品等六类；高濂《遵生八笺》记载菊花 185 种，并总结出种菊八法，即分苗法、扶植法、和土法、浇灌法、捕虫法、摘苗法、雨踢法、接花法；黄省曾《艺菊书》记载菊花品种 220 个，且列专目论述菊花栽培的基本技艺，即贮土、留种、分秧、登盆、理缉、护养等；周履靖菊谱和陈继儒菊谱，也是明代中后期两部比较有影响的菊谱。陆廷灿《艺菊志·凡例》中说："艺菊之法虽多，今止载五岳山人暨东佘征君两书者，以其专言种菊，且文详而法备也。其他概言种植，而偶及于菊者，摘附于考中。""五岳山人"是黄省曾的号，"东佘征君"则是对明代大儒陈继儒的称呼。黄省曾菊谱下文收录并校注，此处不再赘述。陈继儒，字仲醇，号眉公、麋公，松江华亭（今上海市松江区）人。诸生，年二十九隐居小昆山，后居东佘山，筑"东佘山居"，有顽仙庐、来仪堂、晚香堂、一拂轩等。工诗善文，兼擅绘事、书法，终日杜门著述，其作品自然随意，意态萧疏。朝廷虽屡次下诏征用，陈继儒最终皆以疾辞。著有《陈眉公先生全集》等，另辑《宝颜堂秘笈》6集457卷，其中收书220多种。陆廷灿《艺菊志》卷二辑录有陈继儒《种菊法》，依次分为"养胎"、"传种"、"扶植"、"修葺"、"培护"、"幻弄"、"土宜"、"浇灌"、"除害"、"辨别"10个条目。与《黄氏菊谱》相比，陈著种植之法条目增多，内容却各有侧重，也是一部内容简略而很有文献价值的菊谱。

清代菊花品类繁多，名品迭出，菊花著作层出不穷，如陈淏子的《花镜》、许兆熊的《东篱中正》、陆廷灿的《艺菊志》、闵廷楷的《海天秋色谱》、计楠的《菊说》、陈葆善的《艺菊琐言》等，都是影响很大的著作。康熙年间西湖花隐翁陈淏子编纂的园艺名著《花镜》，又名《秘传花镜》、《园林花镜》、《绘图园林花镜》、《群芳花镜》、《群芳花镜全书》、《百花栽培秘诀》等，全书共六卷，分别为"花历种栽"、"课花十八法"、"花木类考"、"藤蔓类考"、"花草类考"、"禽兽鳞虫考"等，现有花说堂重刻本、日本平贺先生校正木刻本传世，记载菊花品种150多种；汪灏等人编纂的《广群芳谱》，记载菊花品种达192种；陆廷灿编纂的《艺菊志》更是"广征菊事，以作此志。凡分六类：曰考，曰谱，曰法，曰文，曰诗，曰词，而以艺菊图题词附之"，堪称菊花栽培、艺文、故实的集大成之作；计楠的《菊说》记载菊花品种233个，其中不仅著录新品种100多个，而且提出了菊花育种的方法。

菊花专著既是当时文献的记录，也是文化交流传播的体现。据清人王振世《扬州览胜录》所载："菊之种类约有数百，其细种分为前十大名种，后十大名种。前十大名种曰虎须、金饶、乱云、麦穗、粉霓裳、鸳鸯霓裳、翡翠翎、素娥、玉狮子、柳线；后十大名种曰麒麟阁、麒麟带、麒麟甲、玉飞莺、海棠魂、紫阁、杏红藕衣、玉套环、金套环、白龙须。近年又添出十种新菊，名曰猩猩红、醉红妆、绿衣红裳、紫辰殿、鹤舞云霄、金莺飞舞、绿牡丹、醉宝、残霞满月、燕尾吐雪。"① 而钱塘人高士奇的《北墅抱瓮录》则记载了杭州菊花的品种:"菊花品类甚多,园中栽菊作圃,得数百本。有黄、紫、红、白、藕、蜜诸色,每色又各有深浅,有一本两色者,其朵亦种种不同,或如盘,或如剪翁,或如擎缕,或如松粒,或如柳芽,穷极变态。友人知余嗜菊,多有远载送者。环置草堂,清芬连月,而种色之妙,以余圃所栽者为最盛。"② 扬州是清代的菊花名城,其中很多品种引自中州洛阳。嘉庆《重修扬州府志》卷六十《物产》载:"菊种亦近年为繁,士人多从洛中移佳本。"③ 此外,清末民国初的臧谷、萧畏之、陈履之、吴笠仙等人,都是菊花的种植者和菊花文化的传播者。其中冶春诗社的组织者臧谷爱菊成癖,晚年筑问秋馆以为艺菊之地,并著有《问秋馆菊录》,首次以菊花品质为分类标准,按照绝品、逸品、上品、中品、次品、又次品、杂品等为 87 种菊花分类,打破了历代菊谱以色分类的传统,具有独特的文献价值。

四

中国古代菊谱共有 60 多部,内容涉及菊花品种、种植方法、地理分布、绘画技法等诸多方面,对于研究中国古代农业科技史、经济发展史、文化发展史等方面具有重要的文献学价值和学术史意义。总体来说,出现于宋代的菊谱,内容丰富多彩,学术价值重大,但亡佚情况也相当严重。由于出版印刷事业的发展,明代问世的菊谱众多,形制各异,很多菊谱甚至具有某种文化商品的性质。清代菊谱的编纂和传播较前代更为便捷,陆廷灿《艺菊志》在规模、形制、编例、内容等方面都堪称集大成之作,代表着一个时代的风貌和成就。

---

① [清]王振世著,蒋孝达校注:《扬州览胜录》,江苏古籍出版社 2002 年版,第 32 页。

② [清]高士奇:《北墅抱瓮录》,丛书集成初编本。

③ 姚文田等编撰:《重修扬州府志》,中国方志丛书本,台湾成文出版有限公司印行。

这部小书并未将所见菊谱一一辑录在内，而是选取了六部最有代表性的、流传范围较广的、文献价值较高的菊谱加以校注，即宋代刘蒙菊谱、史正志菊谱、范成大菊谱，明代高濂菊谱、黄省曾菊谱、周履靖菊谱。原因有三：一是选取的都是专类菊谱，或按品种分类，或按地域分类，或按栽种技术分类，或按综合属性分类。如宋代菊谱以记载花品为主，明代菊谱以种艺之法为主。需要补充的是，宋代史铸《百菊集谱》和清代陆廷灿《艺菊志》虽然文献价值都很高，但不是专类菊谱，而是菊花总集，因此没有选入。二是考虑到要与"博雅经典"丛书中其他谱录类著作的编纂规模大致相仿，故而所选菊谱的影响、传播、形制、内容等方面更具代表性。三是辑录的几种菊谱在版本方面有着紧密的联系。校注古籍，底本的选择至关重要。宋代三种菊谱均以百川学海本为底本，以百菊集谱本、四库本、四库说郛本、涵芬楼说郛本、香艳丛书本等为参校本（《史氏菊谱》无四库说郛本），故而在校勘时能够相互参照。高濂菊谱、周履靖菊谱无更多版本可以参校，故主要对底本四库全书本加以标点、注释、译文，间或进行理校。此外，黄省曾菊谱则是以百陵学山本为底本，以夷门广牍本、广百川学海本为参校本。黄省曾菊谱的编纂早于周履靖所编菊谱，但周履靖编辑《夷门广牍》时将其收录在自己所编的菊谱之后，为遵照各种菊谱编纂时间的先后次序，仍将《黄氏菊谱》置于《周氏菊谱》之前。

在整理宋代菊谱的过程中，两个有趣的问题很值得一提：一是关于史铸《百菊集谱》的编纂得失；二是关于张廷华《香艳丛书》的编纂得失。《百菊集谱》是汇辑宋代名家菊花品种文献的专书。笔者见到和采用的《百菊集谱》是四库全书本，因其是较早收录诸家菊谱之文献，很多记载与百川学海本吻合度高达五分之四；令人遗憾的是，史铸编纂《百菊集谱》时对各家菊谱的序、跋和菊花品类记述颇细，但其他内容多有删节。然瑕不掩瑜，此书仍具有无可比拟的校勘价值。清张廷华的《香艳丛书》，是一套大型专题性丛书，卷首题作"虫天子辑"。全书以题材为主，共收书335种，是研究中国古代文化的重要参考资料。该书分别于宣统元年（1909）至三年由上海国学扶轮社分三次排印出版，人民文学出版社1990

年据此本影印。笔者所见为上海中国图书公司和记印行本。该丛书第七集分别收录《菊谱》两种。其中《菊谱一》的作者著录为"宋彭城刘蒙"，但除了卷首《菊谱序》系《刘氏菊谱》的内容外，正文均系宋范成大《范村菊谱》内容；《菊谱二》的作者及内容均系"吴门史正志《菊谱》"内容，但卷首序未见著录。该丛书第十六集亦收录《菊谱》一种，作者著录为"宋范成大"，但除缺少卷首序、《说疑》外，正文均系《刘氏菊谱·定品》以后内容。将该书第七集收录的《菊谱序》与第十六集收录的《刘氏菊谱》正文合并，才是一部完整的《刘氏菊谱》。此书张冠李戴的情况与四库说郛本毫无二致，则此本或与四库说郛本同出一源，或此本即源出四库说郛本，因未有更多证据，姑且存疑于此，留待同好者教正。编纂书籍或校勘书籍，能不慎乎？

本书在校注各种菊谱之前，都有一段简短的文字叙述，主要梳理各种菊谱的作者情况、成书时间、著录情况、内容形制、菊花品类、版本源流、点校说明等。各家菊谱的校注内容之后，还附有《四库全书总目》的相关记载。需要说明的是，由于高濂菊谱收入《遵生八笺》卷十六《燕闲清赏笺》下卷《百花谱》，且只有四库全书本，所以卷尾附录的是《遵生八笺提要》；周履靖菊谱收入《夷门广牍》卷七十八，所以卷尾附录的是《夷门广牍提要》；黄省曾菊谱没有四库全书本，故未附提要。

这部菊谱的整理工作前前后后持续了三年之久。2010 年冬天，一日我去河南省社会科学院图书馆查阅资料，在图书馆工作的丁巍研究员跟我聊起整理古代各种花谱的想法，问我有没有兴趣。此前，我刚刚在河南省社会科学院文学研究所所长卫绍生研究员的带领下完成《柳宗元集校注》和《韩愈集校注》的工作，与中州古籍出版社的老师们合作很愉快，获益也很多。得知这项工作将纳入中州古籍出版社"博雅经典"丛书，又出于对母校河南大学的感念，所以愉快地接受了整理菊谱的任务。然而，好事多磨。2011 年上半年，搜集资料的工作正在有条不紊地进行。7 月份，从国家社科规划办传来消息，我年初申报的一项国家社科青年课题获准立项，虽然是个好消息，但是原定的写作计划不得不往后推延。加之年中省社科院图书馆整修闭馆，一直到年底才将大部分资料搜集在手。2012 年，整理工作断断续续地进行，稿子快要完工的时候，一向工作正常的电脑硬盘突然没有任何征兆地罢工了，恢复硬盘的代价又远远超出预算，那几天心痛到极点。跟丁巍研究员和出版社的相关领导做了交流后，出版社同意我重做一遍。老师们的宽容给我提供了更多的时间，也给了我重头来过的勇气和信心。2013 年，除完成单位正常的科研工作外，我终于再次完成了菊谱的校注工作。交稿的日子，既有"山重水复疑无路，柳暗花明又一村"的感慨，又有"白日放歌须纵酒，青春作伴好还乡"的冲动。

　　写作书稿的过程中，丁巍研究员多方统筹协调，精心搭配插图，商谈整理体例，让人感动；河南省社会科学院文学研究所两任所长王永宽研究员和卫绍生研究员关心晚生后进，询问书稿进度，提出整理建议，令人钦佩；中原大地传媒的郭孟良先生，中州古籍出版社负责此书的几位编辑如梁瑞霞、王建新、高林如等，都为此书的写作和出版付出很多心血，在此一并致谢。当然，由于学力和眼界所限，本人常有词不达意之感，对书中的某些词句的理解、注释、翻译一定会有不当之处，敬祈各位师长和朋友多多批评教正！

杨波

2014 年 2 月

刘氏菊谱

[宋] 刘　蒙　撰

提　要

《刘氏菊谱》1卷，北宋刘蒙撰。

这是我国第一部菊花专著，成书于崇宁三年（1104）。宋陈振孙《直斋书录解题》是最早著录此书的文献，该书卷十《农家类》著录为"《菊谱》一卷，彭城刘蒙撰，凡三十五品"。据《四库全书总目》卷一百一十五《刘氏菊谱提要》载：刘蒙，仕履不详，彭城（今江苏徐州）人。《刘氏菊谱·谱叙》中载"崇宁甲申（1104）为龙门之游，访刘元孙所居，相与订论，为此谱，盖徽宗时人"①，因此宋王得臣（1036—1116）的《麈史》一书中已引刘蒙之说。此书"首谱叙，次说疑，次定品，次列菊名三十五条，各叙其种类、形色而评次之，以龙脑为第一，而以杂记三篇终焉。书中所论诸菊名品，各详所出之地，自汴梁以及西京、陈州、邓州、雍州、相州、滑州、鄜州、阳翟诸处，大抵皆中州物产，而萃聚于洛阳园圃中者，与后来史正志、范成大等南渡之后拘于疆域、偏志一隅者不同"②。其叙详述了作者为菊花作谱的原因，肯定了菊花"有异于物"、"得时者异"的独特审美内涵："草木之有花，浮冶而易坏。凡天下轻脆难久之物者，皆以花比之，宜非正人、达士、坚操、笃行之所好也。然余尝观屈原之为文，香草龙凤以比忠正，而菊与菌桂、荃蕙、兰芷、江蓠同为所取。又松者，天下岁寒坚正之木也，而陶渊明乃以松名配菊，连语而称之。夫屈原、渊明，实皆正人、达士、坚操、笃行之流，至于菊，犹贵重之如此。是菊虽以花为名，固与浮冶易坏之物不可同年而语也。且菊有异于物者，凡花皆以春盛，而实者以秋成，其根抵枝叶，无物不然。而菊独以秋花悦茂于风霜摇落之时，此其得时者异也。"并对菊花的来源、品

---

① ［清］永瑢等：《四库全书总目》卷一百一十五，中华书局1965年版，第991页。

② 同上。

类加以考证，指出"以品视之，可以见花之高下；以花视之，可以知品之得失"，并先后述举了龙脑、新罗、都胜、御爱、玉毯、玉铃、金万铃、大金铃、银台、棣棠、蜂铃、鹅毛、毯子、夏金铃、秋金铃、金钱、邓州黄、蔷薇、黄二色、甘菊、酴醾、玉盆、邓州白、白菊、银盆、顺圣浅紫、夏万铃、秋万铃、绣毯、荔枝、垂丝粉红、杨妃、合蝉、红二色、桃花等35种菊花的花色、产地、花期、形貌等特征，加上《叙遗》中记载的麝香菊、锦菊、孩儿菊、金丝菊4种，《补意》中"花之形色变易，如牡丹之类"，《拾遗》中的黄、碧单叶2种等，计有40多种。书中还阐明菊花大朵、重瓣等变异之遗传与育种的基本原理和途径，如"花大者为甘菊，花小而苦者为野菊。若种园蔬肥沃之处，复同一体，是小可变而为甘也。如是，则单叶变而为千叶，亦有之矣"，"古之品未若今日之富也。今遂有三十五种。又尝闻于莳花者云：'花之形色变易，如牡丹之类，岁取其变者以为新。'今此菊亦疑所变也"等，客观地反映出我国古代对生物进化观念的新发展。

《刘氏菊谱》现存版本有宋刻《百川学海》本（影刊咸淳本戊集，简称百川学海本）、上海商务印书馆涵芬楼民国16年（1927）据清顺治三年（1646）宛委山堂刻《说郛》排印百卷本（简称涵芬楼说郛本）、《四库全书》本三种、清张廷华《香艳丛书》本（简称香艳丛书本）等。以下就内容与作者张冠李戴的香艳丛书本和四库说郛本简要加以说明。

文渊阁《四库全书》收录《刘氏菊谱》凡三种。

第一种见《子部·谱录类三》，收入宋史铸《百菊集谱》卷一。史铸，字颜甫，号愚斋，山阴（今浙江绍兴）人。此书是汇辑名家菊花品种文献的专书，成书于淳祐二年（1242），4年之后又补入胡融菊谱，全面反映了宋代艺菊的丰硕成果。全书6卷，《卷首》《补遗》各1卷，卷首列"诸菊品目"131，附注32，共163种，故曰《百菊集谱》。其中卷一分4个品类，录宋周师厚《洛阳花木记》中所载"洛阳之菊"26品，宋刘蒙《刘氏菊谱》所载"虢地之菊"35种，宋史正志《史氏菊谱》所载"吴门之菊"28品，宋范成大《范村菊谱》所载"石湖之菊"36品；

卷二分 2 个品类，其中《诸州及禁苑品类》录沈竞菊谱所记菊花 90 余品，《越中品类》录自己搜集的越中之菊 40 品；卷三包括种艺、故事、杂说、方术、辨疑、诗话等 6 个部分；卷五为摘录胡融菊谱；卷四、卷六是有关菊花的辞章诗赋等。《百菊集谱》卷一《虢地品类》下题作"彭城刘蒙撰谱"，自注曰："愚斋云：因至伊水，旅寓见菊，作此。"卷前有《谱序》，后有《叙遗》、《补意》，缺《拾遗》。此本虽内容多有删节，但因其为较早收录诸家菊谱之文献，故仍有校勘之价值，简称百菊集谱本。

第二种亦见《子部·谱录类三》，题作《刘氏菊谱》，作者与内容均无误，此本简称四库本。

第三种见《子部·杂家类五》，系《四库全书》据《说郛》影写本，其中卷一百三上题作《刘蒙菊谱》，卷首序为《刘氏菊谱》内容，正文系《范村菊谱》内容；而卷一百三下题作《范成大菊谱》，内容系《刘氏菊谱·定品》以后内容（前缺《说疑》），似乎由于编辑者将两种菊谱的内容错简所致。为与上述第一种本子相区别，此本简称四库说郛本。

清张廷华的《香艳丛书》，是一套大型专题性丛书，卷首题作"虫天子辑"。全书以题材为主，搜罗了从隋代至晚清女性作者著作和有关女性的文言小说、诗词曲赋、野史笔记等，共 20 集 80 卷，收书 335 种，是研究中国古代文化的重要参考资料。该书分别于宣统元年（1909）至三年由上海国学扶轮社分三次排印出版，人民文学出版社 1990 年据此本影印，分五册出版。笔者所见为上海中国图书公司和记印行本。该丛书第七集分别收录《菊谱》两种，其中《菊谱一》的作者著录为"宋彭城刘蒙"，但除了卷首《菊谱序》系《刘氏菊谱》的内容外，正文均系宋范成大《范村菊谱》的内容；《菊谱二》的作者及内容均系"吴门史正志《菊谱》"内容，但卷首序未见著录。该丛书第十六集亦收录《菊谱》一种，作者著录为"宋范成大"，但除缺少卷首序、《说疑》外，正文均系《刘氏菊谱·定品》以后内容。则该书第七集收录的《菊谱序》与第十六集收录的《刘氏菊谱》正文，才是一部完整的《刘氏菊谱》。由于此书张冠李戴的情况与四库说郛本毫无二致，则此本或与四库说郛本同出一源，或此本即源出四库说郛本，简称香艳丛书本。

今以百川学海本为底本，以百菊集谱本、四库本、四库说郛本、涵芬楼说郛本、香艳丛书本等为参校本，大致按照点校、注释、译文的次序进行。

谱　叙[1]①

草木之有花，浮冶而易坏。凡天下轻脆难久之物者，皆以花比之，宜非正人、达士、坚操、笃行之所好也②。然余尝观屈原之为文，香草龙凤以比忠正，而菊与菌桂、荃蕙、兰芷、江蓠同为所取③。又松者，天下岁寒坚正之木也[2]，而陶渊明乃以松名配菊[3]，连语而称之④。夫屈原、渊明，实皆正人、达士、坚操、笃行之流，至于菊，犹贵重之如此[4]。是菊虽以花为名，固与浮冶易坏之物不可同年而语也。且菊有异于物者，凡花皆以春盛，而实者以秋成，其根抵枝叶，无物不然。而菊独以秋花悦茂于风霜摇落之时[5]，此其得时者异也[6]。

[校勘]

[1] 谱叙：百菊集谱本无此标题，首称"叙曰"。

[2] 岁寒：涵芬楼说郛本脱"岁寒"二字。以下校勘各条的原文多出自百川学海本，不一一注明；如系改动文字，逐条随文说明。凡各本互有异文者，一一校出；与百川学海本相同者，不出校；与百川学海本不同者，分别出校。

[3] "陶渊明乃以松名配菊"句：涵芬楼说郛本脱"名"字。

[4] 犹：涵芬楼说郛本作"尤"。

[5] "而菊独以秋花"句：涵芬楼说郛本脱"而"字，百菊集谱本"独以秋花"之前脱"凡花皆以春盛，而实者以秋成，其根抵枝叶，无物不然。而菊"二十三字。悦茂：涵芬楼说郛本作"晚茂"。

[6] "此其"句：百菊集谱本后有"云云"二字，然自"有花叶者"至"以列诸谱之次"皆删节不录。

［明］吕纪《桂菊山禽图》

①谱叙：对这部菊谱相关情况的记述。

②达士：明智达理之人。坚操：坚定的操守。笃行：品行纯厚。

③屈原（约前340—约前278）：名平，字原；又名正则，字灵均。楚怀王时任左徒、三闾大夫，主张联齐抗秦。后遭靳尚等人诬陷，被放逐，作《离骚》。顷襄王时再遭谗毁，谪于江南。见楚国政治腐败，无力挽救，遂于五月五日投汨罗江而死。所写诗篇文辞优美，大量运用"香草美人"的比兴手法，表达自己"举贤授能"的美政理想，对后世文学的发展有巨大影响。《史记·屈原贾生列传》记载颇详。菌桂：香木名，岩桂的一种，即箘桂，又名肉桂、月桂。语出屈原《离骚》："杂申椒与菌桂兮，岂维纫夫蕙茝？"荃蕙、兰芷：均为香草名。语出屈原《离骚》："兰芷变而不芳兮，荃蕙化而为茅。"兰芷，兰草与白芷。王逸注："言兰芷之草，变易其体而不复香。"江蓠：香草名，也作"江离"，又名蘪芜。语出屈原《离骚》："扈江离与辟芷兮，纫秋兰以为佩。"

④陶渊明（365—427）：一名潜，字元亮，晋浔阳（今属江西）人。大司马陶侃曾孙。曾为州祭酒，复为镇军、建威参军，后为彭泽令。因不愿"为五斗米折腰"，弃官归隐，以诗酒自娱。征著作郎，不就。世称靖节先生。《晋书》、《宋书》有传。其诗作自然朴素，多描写山川田园之秀美，追求精神境界之幸福。此处称松与菊"连语而称之"，语出陶潜《归去来兮辞》："三径就荒，松菊犹存。"松与菊不畏霜寒，用以比喻坚贞节操或具有坚贞节操的人，故陶渊明有此语。

[译文]

草木之类的植物所开之花，大多浮华艳丽而且容易毁坏。天底下凡是轻飘松脆而易折易碎的东西，人们都会用花作比喻，应该不是正直之人、明智达理之人、操守坚定之人、品行纯厚之人的独特爱好吧。然而，我曾经仔细研究过屈原所写的诗文，字里行间常见用香草龙凤等意象来比喻忠诚正直之人，而菊花与菌桂、荃蕙、兰芷、江蓠等香木香草类植物都是其文章取材的对象。又有人说，松是深冬时节世间最坚定正直的树木，可是晋代大诗人陶渊明却把松树和菊花相提并论，大加赞赏。屈原和陶渊明实质上都属于正直、明智达理、操守坚定、品行纯厚一类的名流，至于菊花，在人们眼中尤其贵重。这是因为菊花虽名为花，本来却与那些浮华艳丽且容易被毁坏的事物不能同日而语啊。况且菊花自有其不同于一般事物的属性：普通的花草大都春天盛开，秋天结出果实，无论是根部开花的植物还是枝叶开花的植物，鲜有例外；唯独菊花在秋风萧瑟、百花凋残零落时节竞相怒放、争奇斗艳，这是因为菊花适合的时令与众不同啊。

　　有花叶者，花未必可食[1]，而康风子乃以食菊仙[2]①。又《本草》云②：以九月取花，久服轻身耐老，此其花异也。花可食者[3]，根叶未必可食，而陆龟蒙云：春苗恣肥，得以采撷，供左右杯按③。又《本草》云：以正月取根，此其根叶异也。夫以一草之微，自本至末④，无非可食，有功于人者。加以花色香态纤妙闲雅，可为丘壑燕静之娱⑤。然则古人取其香以比德⑥，而配之以岁寒之操，夫岂独然而已哉⑦！

[校勘]

　　[1]未必：涵芬楼说郛本作"本不"。

　　[2]以食菊仙：涵芬楼说郛本作"以食菊得仙"，"得"为衍字。

　　[3]花可食者：涵芬楼说郛本作"野花可食者"，"野"为衍字。

[注释]

　　①花叶：花片，花瓣。康风子：人名，生平事迹不详。唐欧阳询等《艺文类聚》卷八十一《药香草部上》著录："《神仙传》曰：康风子，服甘菊花、柏实散得仙。"按：《神仙传》10卷，旧题晋葛洪撰，书中收录了古代传说中的84位仙人事迹，其中不少人常为后世养生文献所引用。然查遍全书，未见关于康风子内容的记载。另，葛洪《抱朴子内篇》卷一《金

丹第四》:"又康风子丹法:用羊乌鹤卵、雀血合少室天雄汁和丸,内鹄卵中漆之,内云母水中百日,化为赤水,服一合辄益寿百岁,服一升千岁也。"抑或《神仙传》当时确录有"康风子"条,后佚。

②《本草》:古代著名药书《神农本草经》的省称,因所记各药以草类为主,故称《本草》。《本草》之名,始见于《汉书·平帝纪》,而《汉书·艺文志》未见著录。至南朝梁阮孝绪《七录》始著录《神农本草经》,共收药 365 种;陶弘景又增 365 种,名《名医别录》;唐显庆中,苏恭、长孙无忌等修订《本草》,又增药 114 种,为《唐本草》;宋嘉祐中,掌禹锡、林亿、苏颂等人加以补充修订,共收集药物 1082 种,撰成 20 卷,名曰《嘉祐补注本草》,又名《嘉祐补注神农本草》;政和中,曹孝忠等修订为《政和新修经史证类备用本草》;至明,李时珍荟萃众说,考订谬误,删繁补阙,著《本草纲目》52 卷,收载药物 1892 种,药方 1.1 万余首,为《本草》总结性的巨著。《神农本草经》已佚,有清孙星衍辑本。

③陆龟蒙(?—约 881):字鲁望,号天随子,别号甫里先生、江湖散人等,姑苏(今江苏苏州)人。晚唐文学家、诗人。屡举进士不中,曾为湖州、苏州从事。后以高士召,不赴。去世后,唐昭宗于光化三年(900)追赠右补阙。他写下了许多诗、赋、杂著,有《甫里集》、《笠泽丛书》等诗文集传世。与皮日休为友,唱和往复,世称"皮陆"。胡震亨《唐音癸签》讥其"多学为累,苦欲以赋料入诗",赵执信《谈龙录》谓其"以笔墨相娱乐",翁方纲《石洲诗话》斥云"晚唐之渐开松浮者,莫如皮陆之可厌。此所谓不揣其本而齐其末也"。其实,陆龟蒙小品文的成就,胜于其诗,如《田舍赋》、《后赋》、《野庙碑》、《登高文》等篇,辛辣地讽刺了当时社会的黑暗、统治者的腐朽,被鲁迅誉为"正是一塌糊涂的泥塘里的光彩和锋芒"。"春苗恣肥,得以采撷,供左右杯按"句:语出陆龟蒙《杞菊赋并序》,文曰:"天随子宅荒少墙,屋多隙地,著图书所,前后皆树以杞菊。春苗恣肥,日得以采撷之,以供左右杯案。"左右,指身边办事的人,随从。杯按,亦作"杯柈"、"杯盘",本指杯与盘,多借指酒肴。按,同"案",古代有短脚的盛食物的木托盘。

④自本至末:从根部到梢头。

⑤丘壑燕静：泛指山水幽美的地方，比喻隐逸的生活。

⑥比德：谓德行、德教可与之比拟、比配。

⑦岁寒之操：比喻忠贞不渝的节操或品行。独然：独自如此，特别如此。

[译文]

有些开花植物的花瓣不一定能食用，可传说康风子就是因为食用甘菊花而得以成仙。《神农本草经》中也说：（每年）九月份取来菊花，长期服用能减轻体重、抗拒衰老，这就是菊花的奇异之处啊。花瓣可以食用的植物，其根部和枝叶不一定能食用，可陆龟蒙却在其《杞菊赋并序》中说：春天给菊花苗施以充足的肥料，等到秋天就能大量采摘，给身边的人提供一道（别致的）下酒菜。《神农本草经》中又说：在正月培植菊花的根部，这正是其根部和枝叶与其他植物的不同之处啊。菊花不过是一株微弱的小草，从根部至末梢，（浑身上下）没有不能食用的，对于人们来说功劳不小。加上菊花外在的色彩、香气、姿态等方面纤巧曼妙娴静文雅，能给人们的隐逸生活带来很多乐趣。这样看来，古人常常用菊花的香气来跟人忠贞不渝的节操相媲美，恐怕不是偶然的吧？

洛阳风俗[1]，大抵好花，菊品之数，比他州为盛。刘元孙伯绍者，隐居伊水之滨①，萃诸菊而植之，朝夕啸咏乎其侧，盖有意谱之而未暇也[2]。崇宁甲申九月，余得为龙门之游②，得至君居。坐于舒啸堂上③，顾玩而乐之，于是相与订论④。访其居之未尝有[3]，因次第焉。夫牡丹、荔枝、香笋、茶、竹、砚、墨之类[4]，有名数者⑤，前人皆谱录。今菊品之盛，至于三十余种，可以类聚而记之，故随其名品，论叙于左[5]，以列诸谱之次。

[校勘]

[1]洛阳风俗：百川学海本原作"洛阳非风俗"，涵芬楼说郛本作"洛阳风俗"，四库本作"洛阳之风俗"，四库说郛本作"洛阳中风俗"，香艳丛

书本作"洛阳风俗"。今据涵芬楼说郛本和香艳丛书本改之。

　　[2]暇：涵芬楼说郛本、四库说郛本、香艳丛书本均作"暇"，唯有四库本作"假"，当系讹误。

　　[3]居：涵芬楼说郛本作"名"。

　　[4]夫牡丹：四库说郛本、香艳丛书本均脱"夫"字。

　　[5]论叙：涵芬楼说郛本作"论序"，四库说郛本、香艳丛书本均作"类序"。

[注释]

　　①刘元孙：生卒年不详，宋徽宗时人，隐士。伊水：水名，即伊河，出河南卢氏县东南，向东北流经嵩县、伊川、洛阳，至偃师，入洛河。《书·禹贡》："伊、洛、瀍、涧，既入于河。"瀍（chán）：水名，即瀍河，源出河南洛阳市西北，南流经洛阳城东，入于洛水。汉张衡《东京赋》："溯洛背河，左伊右瀍。"

　　②崇宁：宋徽宗赵佶年号（1102—1106）。崇宁甲申，即1104年。龙门：山名，在河南省洛阳市南，即春秋周阙塞，又称伊阙。《汉书·沟洫志》贾让奏："昔大禹治水，山陵当路者毁之，故凿龙门，辟伊阙。"

　　③舒啸堂：指刘元孙居所的名称，语出陶潜《归去来兮辞》："登东皋以舒啸，临清流而赋诗。"

　　④相与：共同。订论：评议，修订。语出汉王充《论衡·案书》："两刃相割，利钝乃知；两论相订，是非乃见。"

　　⑤名数：指名目。

[译文]

　　洛阳一带的风俗是大多数人都喜欢花，（因此）菊花的品种数量比其他州郡更加丰盛。有个名叫刘伯绍字元孙的隐士，隐居在伊水岸边，搜集并栽种了很多菊花，从早到晚在菊花丛旁歌咏，大概是打算编纂菊花谱却没有来得及吧。崇宁三年九月，我有机会来龙门游玩，这才得以到刘君的住所（观赏菊花）。（主宾二人悠闲地）坐在刘氏的舒啸堂上，环顾四周的菊花

［清］朱耷《松菊图》

丛，心中非常喜欢，忍不住共同评议各种菊花的特点。我向刘君详细询问了他家中没有的菊花品种，并按照次序一一记录下来。像牡丹、荔枝、香笋、茶、竹、砚、墨这一类的事物，凡是有点名目的，前人都已经为其编纂了谱录。现在我所知道的菊花品类繁多，达到了三十多种，可以分门别类地将它们搜集并记录下来，因此按照这些菊花的名称、品类在下面加以评议叙述，从而使菊花谱能在上述各种谱录之后占据一席之地。

说　疑

或谓菊与苦薏有两种①，而陶隐居、日华子所记皆无千叶花[1]②，疑今谱中或有非菊者也。然余尝读隐居之说，以谓茎紫色青作蒿艾气为苦薏③。今余所记菊中，虽有茎青者，然而为气香味甘，枝叶纤少，或有味苦者而紫色细茎，亦无蒿艾之气[2]。又今人间相传为菊[3]，其已久矣，故未能轻取旧说而弃之也[4]。凡植物之见取于人者，栽培灌溉不失其宜，则枝叶华实无不猥大④。至其气之所聚，乃有连理、合颖、双叶、并蒂之瑞⑤，而况于花有变而为千叶者乎？日华子曰："花大者为甘菊，花小而苦者为野菊。若种园蔬肥沃之处，复同一体，是小可变而为甘也。如是，则单叶变而为千叶，亦有之矣[5]。"牡丹、芍药，皆为药中所用，隐居等但记花之红白，亦不云有千叶者。今二花生于山野，类皆单叶小花。至于园圃肥沃之地，栽锄粪养，皆为千叶，然后大花千叶变态百出。然则奚独至于菊而疑之？注《本草》者谓："菊，一名日精。"⑥按：《说文》"从鞠"⑦，而《尔雅》"菊，治蔷"[6]⑧，《月令》云"鞠有黄华"⑨，疑皆传写之误欤。若夫马蔺为紫菊，瞿麦为大菊，乌喙苗为鸳鸯菊，菔覆花为艾菊⑩，与其他妄滥而窃菊名者，皆所不取云。

[校勘]

[1] "而陶隐居"句：百菊集谱本脱此句。

[2] 蒿艾之气：百菊集谱本作"蒿艾气"。

[3] 又：百菊集谱本脱"又"字。

[4] "故未能轻取"句：百菊集谱本此句后脱"凡植物之见取于人

者……而况于花有变而为千叶者乎"一段。

[5]"亦有之矣"句：百菊集谱本下脱"牡丹、芍药，皆为药中所用……疑皆传写之误欤"一段。

[6]蔷：涵芬楼说郛本作"墙"。

[注释]

①苦薏：野菊的异名。薏为莲子之心，此菊味苦似之，故以苦薏为名。见《本草纲目·草之四·野菊》。

②陶隐居：即陶弘景（456—536），字通明，南朝时丹阳秣陵（今江苏南京）人。初为齐诸王侍读，后隐居于句容句曲山，自号华阳隐居。因佐萧衍夺齐帝位，建梁王朝，参与机密，时谓山中宰相。好著述，明众艺，善书画。著有《真灵位业图》、《真诰》等道教经籍，晚年受佛教五大戒，主张儒、释、道三教合流。曾遍历名山，寻访药草。著《本草经集注》（《敦煌》残本7卷，散见于《政和新修经史证类备用本草》中）、《补阙肘后百一方》等。谥号贞白先生。《梁书》、《南史》皆有传。日华子：唐代本草学家。原名大明，以号行，四明（今浙江宁波鄞州区）人，一说雁门（今属山西）人，生卒年不详。著有《诸家本草》20卷，又称《日华子本草》、《日华子诸家本草》、《日华本草》。原书已佚，部分佚文见于《证类本草》等书中。宋代掌禹锡称此书"开宝中四明人撰，不著姓氏"。

③蒿艾：即艾蒿，一种野生的草，泛指野草。

④猥（wěi）大：粗大，壮大。

⑤连理：异根草木，枝干连生，旧以为吉祥之兆。后人常以"连理枝"比喻相爱的夫妻或兄弟。合颖：谓禾苗一茎生二穗，古人视为祥瑞。并蒂：两朵花或两个果子共同长在一个茎上，比喻男女合欢或夫妻恩爱。

⑥日精：菊花的别名，一说为菊根的别名。见《神农本草经》卷一《鞠华》、《初学记》卷二十七晋周处《风土记》。上文称"注《本草》者"，当指《神农本草经》的作者。

⑦《说文》：中国最早的文字学著作《说文解字》的简称，东汉许慎撰。成书于汉安帝建光元年（121），共14篇，合叙目1卷为15卷。收字

9353 个，又重文 1163 个。许慎自序称"依类象形谓之文，形声相益谓之字"，按文字的形体及偏旁构造，分列 540 部。以通行小篆为主，列古文、籀文等异体字为重文。文字解释，皆本"六书"（指事、象形、形声、会意、转注、假借），历来为治小学者所宗。五代南唐徐铉、徐锴皆精研《说文》之学。宋太宗雍熙时，徐铉等以原本篇帙繁重，将《说文解字》重加刊定，每卷各分上下，为 30 篇，并益以未收之字为新附字，世称大徐本。徐锴著《说文系传》，世称小徐本。清代中叶，研究《说文解字》的人尤多，最著名者如段玉裁之《说文解字注》，王筠之《说文释例》、《说文句读》，朱骏声之《说文通训定声》，桂馥之《说文解字义证》等，皆精核详博，有功于小学，被誉为"《说文》四大家"。现存全本以徐铉校订的宋刊本最早，《四部丛刊》初编和《续古逸丛书》也有影印本。鞠：清代陈昌治刻本《说文解字》："鞠，蹋鞠也。从革，匊声。"

⑧《尔雅》：书名，中国最早解释词义的专著。相传为周公所撰，或谓孔子门徒解释六艺之作。盖系秦汉间经师缀辑旧文，递相增益而成，不出于一时一手。《汉书·艺文志》著录 20 篇。今本 3 卷，19 篇。有汉樊光注、犍为舍人注、李巡注以及三国魏孙炎注、晋郭璞注等，今唯行郭璞注。前 3 篇《释诂》、《释言》、《释训》解释词语，后 16 篇专门解释名物术语。清代有邵晋涵《尔雅正义》、郝懿行《尔雅义疏》，各 20 卷，最称精博。治蔷：亦作"治墙"，菊花的别名。语出《尔雅·释草》："蘜，治蔷。"郭璞注："今之秋华菊。"《说文·艸部》："蘜，治墙也。从艸，鞠声。"

⑨《月令》：《礼记》篇名。相传为周公所作，实为秦汉间人抄合《吕氏春秋》十二月纪的首章，收入《礼记》，题曰《月令》，记述每年农历十二个月的时令、行政及相关事物，较《夏小正》为丰富。鞠有黄华：语出《礼记·月令》："（季秋之月，）鸿雁来宾，爵入大水为蛤；鞠有黄华，豺乃祭兽戮禽。"陆德明释文："鞠，本又作菊。"

⑩马蔺：草名，又名蠡实、荔实、马薤。三月开紫碧花，五月结实作角子，根细长，通黄色，人取以为刷。《资治通鉴》卷一百五十四《梁纪》十载"梁中大通二年"事："（尔朱兆）不悦，曰：还向高晋州（欢），吾得吉梦，梦与吾先人登高丘，丘旁之地，耕之已熟，独余马蔺，先人命吾拔

之，随手而尽。"胡三省《资治通鉴注》云："《本草》：蠡实，马蔺子也，出冀州。《图经》曰：马蔺子，生河东川谷，叶似薤而长厚。《衍义》曰：马蔺叶，牛马皆不食，为才出土叶已硬也。"按：马兰（繁体作"蘭"），草名，又名马兰头。其叶似兰而大，其花似菊而紫，嫩叶可作蔬菜，亦可入药。一说马蔺亦名马兰。紫菊：又名马兰、马兰头、鸡儿肠，多年生草本植物，叶互生，披针状椭圆形，上部边缘有粗锯齿。花蓝紫色，形似菊花。嫩草可食，又可做猪的饲料。洪兴祖《楚辞补注》引《本草》注为："马兰生泽旁，气臭，花似菊而紫。"瞿麦：多年生草本植物，叶对生，狭披针形，夏季开淡红或白色花，上部深裂如丝。子形如麦，故名。可入药，亦可栽培供观赏。乌喙苗：中药名，亦名土附子、乌喙、乌头、奚毒，茎、叶、根都有毒。鸳鸯菊：草乌头之别名。宋朱弁《曲洧旧闻》卷三载："草乌头，近畿如嵩少、具茨诸山亦多有之。花开九月，色青可玩。人多移植园圃，号鸳鸯菊，盖取其近似耳。"百菊集谱本下自注："愚斋云：铜阳居士所编《复雅词》云：'鸳鸯菊乃豆蔻花也，其花类百合而小，比牵牛花差大，红紫色，中心有双须，须之端为双鸳鸯之形。其叶如菊叶而极大，淮南二三月开花。'"旋覆花：即旋覆花，多年生草本，菊科，叶如大菊，八九月开花，圆而覆下，可入药。艾菊：多年生芳香植物，茎直立，多分枝，叶片披针形或线形，略似柠檬，味苦，春夏开花，花色有紫色、白色、黄色或粉红色，种子为黑色小坚果。

[译文]

有人说菊花与苦薏是两个不同的品种，而陶弘景《本草经集注》、日华子《日华子本草》中的记载都没有千叶花，因此我怀疑当代菊花谱中记载的也许有一些不属于菊花的植物。然而我曾经读过陶弘景的医学著作，书中称"茎呈紫色、花呈青色、有蒿艾气味的才是苦薏"。现在我记忆中的菊花，虽然有茎呈青色的，然而气味芳香甘甜，枝叶纤细稀疏；或者有的菊花味道虽苦而且有紫色的细茎，又缺乏类似艾蒿的气味。再说，历代关于菊花品种的说法已经相传很久了，因此不能轻易认定过去的说法或者轻易放弃自己的判断。凡是能够被人们认可或欣赏的植物，总是受到人们适时的栽培和

［明］孙克弘《竹菊图》

灌溉，故而这种植物的枝叶、花朵、果实没有不粗壮肥大的。如果将菊花与众不同的气韵和景象聚集起来，就会出现人们常说的连理、合颖、双叶、并蒂等祥瑞景象，更不用说菊花会随着外部环境的变化而变成千叶菊花了。日华子说过："花朵很大的是甘菊，花朵很小而且有苦味的是野菊。如果将菊花种植在果园或蔬菜园肥沃的地方，并且将菊花与果树或蔬菜混杂在一起，这样菊花就能变得稍微有些甜味。照这样去做，那么单叶菊花变成千叶菊花，也很有可能啊。"牡丹和芍药，都可以入药，陶弘景等人的著作只记载了菊花的颜色有红有白，也没有关于千叶菊花的记载。现在这两种生长在山野中的菊花，其花朵都是类似的单叶小花。至于那些生长在肥沃的果园蔬圃中的菊花，由于农人悉心栽种、锄地、上粪、养护，培育出的品种都是千叶，所以大花、千叶等千姿百态竞相呈现。这样看来，哪应该唯独对菊花的变种产生怀疑呢？《神农本草经》的作者称："菊花，又名日精。"按：许慎的《说文解字》认为"（菊字）从鞠"，而《尔雅》说"菊花，又名治蘠"，《礼记·月令》说"鞠有黄华"，我怀疑都是传写过程中产生的错误。像那些把马蔺当作紫菊、瞿麦当作大菊、乌喙苗当作鸳鸯菊、旋覆花当作艾菊的观点，与其他那些妄自滥用菊花名称或窃取菊花名称的说法，都是我不愿意采纳的。

定　品

或问："菊奚先?"曰："先色与香，而后态。""然则色奚先?"曰："黄者中之色，土王季月①，而菊以九月花，金土之应，相生而相得者也。其次莫若白。西方，金气之应②，菊以秋开，则于气为钟焉③。"[1]陈藏器云④："白菊生平泽⑤。花紫者，白之变；红者，紫之变也。此紫所以为白之次，而红所以为紫之次云。有色矣，而又有香，有香矣，而后有态[2]，是其为花之尤者也。"或又曰："花以艳媚为悦，而子以态为后欤?"曰："吾尝闻于古人矣，妍卉繁花为小人，而松竹兰菊为君子，安有君子而以态为悦乎? 至于具香与色而又有态，是犹君子而有威仪也。菊有名龙脑者，具香与色而态不足者也。菊有名都胜者，具色与态而香不足者也。[3]菊之黄者未必皆胜，而置于前者，正其色也[4]；菊之白者未必皆劣，而列于中者，次其色也；杂罗、香毬、玉铃之类，则以瑰异而升焉；至于顺圣、杨妃之类，转红受色不正[5]，故虽有芬香、态度，不得与诸花争也。然余独以龙脑为诸花之冠，是故君子贵其质焉。后之视此谱者，触类而求之，则意可见矣。[6]"

[校勘]

[1]"黄者中之色……则于气为钟焉"一段：百菊集谱本录作"黄。黄者中之色，其次莫若白"。

[2]而后：涵芬楼说郛本作"而又"。

[3]"菊有名龙脑者……具色与态而香不足者也"一段：百菊集谱本删去此段。

[4]正其色：百菊集谱本作"重其色"。

[5]转红：涵芬楼说郛本作"转以"。

[6]"杂罗、香毬……则意可见矣"一段：百菊集谱本删去此段。

[注释]

①黄者中之色：黄色是中央之色、正统之色。《左传·昭公十二年》："黄，中之色也。"《晋书·乐志上》："黄者，阴阳之中色者。"《宋史·隐逸传下·郭雍传》："黄，中色也，色之至美也。"中，中央。古代以五方配五行，中央表土，土色黄，故又以中央代表黄色。此处指正统、纯正之意。土王：土气旺盛。汉班固《白虎通·五行》："土王四季……土所以王四季何？木非土不生，火非土不荣，金非土不成，水非土不高，土扶微助衰，历成其道，故五行更王亦须土也。"晋袁宏《后汉纪·安帝纪》："盛夏土王，攻山采石，百姓布野，农民废业。"季月：每季的最后一月，即农历三、六、九、十二月。西汉扬雄《羽猎赋》："于是玄冬季月，天地隆烈。"

②金气：指古代思想家五行学说中所说的金的气质。《吕氏春秋·应同》："汤曰'金气胜'，金气胜，故其色尚白，其事则金。"《汉书·天文志》："逆秋令，伤金气，罚见太白。"

③于气为钟焉：即钟气，谓凝聚天地间灵秀之气。

④陈藏器（687—757）：四明（今浙江宁波鄞州区）人，唐玄宗开元年间曾任京兆府三原县尉，著名医学家。他认为《神农本草经》散佚尚多，故拾遗补阙，编撰《本草拾遗》10卷，是首创中医方剂"十剂"分类法的第一人。原书已佚，内容幸由《证类本草》收录而得以传世。李时珍称赞他"博极群书，精核物类，订绳谬误，搜罗幽隐，自本草以来，一人而已"。

⑤平泽：平湖，沼泽。

[译文]

有人问道："菊花的哪种品质最优秀？"回答说："首先是色泽与香气，然后是其姿态。""既然这样，哪一种颜色能排在第一位呢？"回答说："黄色是最正统的颜色，每季最后一个月的土气都比较旺盛，而菊花因为是九月开花，金与土相互滋生和促进，真可谓'相生相得'呀。其次美丽的颜色莫过于白色了，西方对应的是'金气胜'，菊花在秋天开放，因此对应的正是凝聚天地间灵秀的钟气。"唐代医学家陈藏器说："白菊花生长在平湖沼泽之地，开紫色花的，是白色的变种；开红色花的，是紫色的变种。这就是为什么紫色菊花次于白色菊花，而红色菊花又次于紫色菊花的原因。首先是色泽出众，而后又有诱人的香气，有了香气，而后又有美丽的姿态，这才是菊花中最为优秀的品种。"有人又说："鲜花凭借其艳丽妩媚取悦于人，而您为什么把其姿态排在最后呢？"回答说："我曾经听古人说过，争奇斗艳的花卉是花中的小人，而松竹兰菊一类的植物才是君子，哪里听说过君子依仗其美好的姿态来取悦于人的事情呢？至于说香气、色泽、姿态兼而有之，这就犹如君子具有庄重的仪容举止一样啊。菊花中有名叫龙脑的，兼有香气和色泽，可是姿态稍显不足。菊花中有名叫都胜的，兼有色泽和姿态，可是香气稍显不足。黄色的菊花不一定是最漂亮的，可是把它排在前面，原因在于其颜色纯正；白色的菊花不一定都是逊色的，可是把它排在中间等次，原因在于其颜色稍逊；名为杂罗、香毬、玉铃之类的菊花，则因为其花朵与众不同而升格；至于那些名为顺圣、杨妃之类的菊花，颜色变红很不纯正，因此即使香气芬芳四溢、姿态摇曳万千，也无法在前述各种菊花中争得一席之位。尽管如此，我仍然固执地把龙脑看作冠压群芳的菊花品种，这就是人们经常所说的'君子最可贵的地方就在于其品质'吧。后世看到这部菊花谱的人，根据这些标准或规律能够推知同类情况，那么我的想法就能够被人们所理解了。"

花总数三十有五品。以品视之，可以见花之高下；以花视之，可以知品之得失。具列之如左云。[1]

龙脑第一

龙脑，一名小银台。出京师，开以九月末，类金万铃而叶尖[2]，谓花上叶，色类人间染郁金[3]①，而外叶纯白。夫黄菊有深浅色两种，而是花独得深浅之中。[4]又其香气芬烈，甚似龙脑[5]②，是花与香色俱可贵也。诸菊或以态度争先者，然标致高远，譬如大人君子，雍容雅淡，识与不识，固将见而悦之，诚未易以妖冶妩媚为胜也。

[校勘]

[1]"花总数三十有五品……如左云"一段：百菊集谱本无此段，且下列各菊品未排序，每种只列菊品名，与他本不同。

[2]"开以九月末"二句：百菊集谱本无此二句。铃：香艳丛书本作"铨"，讹误。

[3]"谓花上叶"二句：百菊集谱本录作"其色类紫郁金"。谓：香艳丛书本脱"谓"字。

[4]"夫黄菊有深浅色"二句：百菊集谱本无此二句。深浅：涵芬楼说郛本作"浅深"。

[5]"又其香气芬烈"二句：百菊集谱本录作"其香气芬烈似龙脑"，下有自注，文曰："其中称叶者，谓花头上叶也，非枝叶之叶。"又，他本后尚有"是花与香色俱可贵也……诚未易以妖冶妩媚为胜也"一段，百菊集谱本删去，另增加一段文字，曰："定品云：菊有名龙脑者，具色与香，而态不足者也。然余以此为之冠者，亦君子贵其质焉。"

[注释]

①郁金：多年生草本植物，姜科；叶片长圆形，夏季开花，穗状花序圆柱形，白色；有块茎及纺锤状肉质块根，黄色，有香气。中医以块根入药，古人亦用作香料，泡制郁鬯，或浸水作染料。《艺文类聚》卷八十一引晋左芬《郁金颂》："伊此奇草，名曰郁金。越自殊域，厥珍来寻。芬香酷烈，悦目欣心。"此处指用郁金染出的黄色。

②龙脑：本指龙脑香树。南朝梁任昉《述异记》卷下载："成阳山中有神农鞭药处，一名神农原药草山，山上紫阳观，世传神农于此辨百药，中有

千年龙脑。"此处指蒸馏龙脑树的树干而得到像樟脑的物质，有清凉气味，可制香料，亦可入药。

[译文]

菊花总共有品种35类。根据菊花的品类来审视，可以判断菊花品质的高下；根据菊花的花色来审视，就可以进一步了解按品质划分的得失情况。现把各菊花品种及其特征详列如下。

龙脑，一名小银台。出自京师，开花在九月底，形状与金万铃类似而叶子稍尖，人们叫它花上叶。其花朵的颜色与民间用郁金染出的黄色非常类似，可是外面的叶子却是纯白色。黄菊花一般有深浅两种颜色，唯独龙脑菊的颜色介于深浅黄色之间，而且其香气芬芳浓烈，跟龙脑香树制成的香料非常相似，因此属于花朵与香气、色泽都十分可贵的类型。有些菊花可能会以姿态出众而引人注目，然而说到丰采韵致、境界高远，犹如那些德行高尚、志趣高远的人们，他们神态从容不迫，举止文雅大方，无论与其是否相识，都能让人一见如故地喜欢他们，这当然不是仅仅凭借妖冶妩媚的姿态就能轻易赢取的。

新罗第二

新罗，一名玉梅，一名倭菊，或云出海外[1]。国中开以九月末，千叶，纯白，长短相次，而花叶尖薄，鲜明莹彻，若琼瑶然①。[2]花始开时，中有青黄细叶，如花蕊之状；盛开之后，细叶舒展，乃始见其蕊焉。枝正紫色，叶青，支股而小[3]。凡菊类多尖阙，而此花之蕊分为五出[4]，如人之有支股也，与花相映，标韵高雅，似非寻常之比也。然余观诸菊，开头枝叶有多少繁简之失，如桃花菊②，则恨叶多；如毯子菊③，则恨花繁。此菊一枝多开，一花虽有旁枝，亦少双头并开者，正素独立之意[5]，故详纪焉。

[1]或云：百菊集谱本无此二字。

[2]"国中开以九月末……若琼瑶然"一段：百菊集谱本无"国中开以九月末"七字。彻：涵芬楼说郛本作"澈"。

[3]支股：涵芬楼说郛本作"支胘"。

[4]蕊：涵芬楼说郛本作"叶"。

[5]素：香艳丛书本作"符"字。

[注释]

①琼瑶：美玉。

②桃花菊：一种粉红色的菊花。宋孟元老《东京梦华录·重阳》："九月重阳，都下赏菊，有数种：其黄白色蕊若莲房曰'万龄菊'，粉红色曰'桃花菊'。"

③毬子菊：菊花品种名。宋范成大《范村菊谱·黄花》："毬子菊。如金铃而差小，二种相去不远，其大小、名字，出于栽培肥瘠之别。"

[译文]

新罗，一名玉梅，一名倭菊，有人说它产自海外。国内的新罗品种在九月底开花，其花瓣重叠繁多，颜色纯白，长短相间，而花的叶子又尖又薄，晶莹剔透，宛如美玉。此花刚开时，中间有青黄色的细叶，像花蕊的样子；等到完全盛开之后，（青黄色的）细叶慢慢舒展开来，才能看见其中间的花蕊。其枝条呈纯正的紫色，叶子青色，枝蘖更细小。一般菊花类植物都没有花尖，而这种菊花的花蕊分为五层，就像人们长有四肢和躯干一样，跟花朵交相映衬，韵致高雅，似乎不是寻常的菊花品种所能媲美。然而我仔细观察过各种菊花，发现它们开出的花朵和长出的枝叶都有或多或少、或繁或简的遗憾，比如桃花菊的遗憾是叶子太多，而毬子菊的遗憾则是花朵太繁盛。这种菊花一根枝条能开出多朵菊花，一朵花枝头即便能另外长出其他枝条，也很少有一枝并蒂开放的现象，但却正切合我平日所追求的独出心裁之意，因此在这里详细记录下来。

都胜第三[1]

都胜,出陈州①,开以九月末。鹅黄千叶,叶形圆厚,有双纹。花叶大者,每叶上皆有双画直纹,如人手纹状,而内外大小重叠相次,蓬蓬然疑造物者著意为之。凡花形,千叶如金铃则太厚,单叶如大金铃则太薄,唯都胜、新罗、御爱、棣棠,颇得厚薄之中,而都胜又其最美者也。余尝谓菊之为花,皆以香色态度为尚,而枝常恨粗,叶常恨大。凡菊无态度者,枝叶累之也。此菊细枝少叶,袅袅有态,而俗以都胜目之,其有取于此乎?花有浅深两色,盖初开时色深尔。

[校勘]

[1]此条他本内容均同,唯百菊集谱本删改较多,全段如次:"都胜菊,出陈州。鹅黄千叶,叶形圆厚,有双纹,而内外大小重叠相次。凡菊无态度者,枝叶累之也。此菊细枝少叶,袅袅有态,故以都胜目之。"

[注释]

①陈州:地名。本太昊之墟,周武王封妫满于陈,春秋时为楚灵王所灭。秦属颍川郡,汉初为淮阳国,后汉章帝时改为陈国。北周武帝时始置陈州。隋开皇二年(582)改为沈州,大业三年(607)改为淮阳郡。唐武德中复为陈州。宋宣和中为淮宁府。金复为陈州,元以后因之。清雍正中升为陈州府,府治淮宁县。民国2年(1913)废府,改淮宁为淮阳县。其地约相当于今河南周口地区。参见唐李吉甫《元和郡县图志》卷八《河南道》四《陈州》,清顾祖禹《读史方舆纪要》卷四十七《陈州府》。

[译文]

都胜产自陈州一代,九月底开花。多呈鹅黄色,花瓣重叠繁多,叶子形状又圆又厚,上面有双重纹路。花叶比较大的,每片叶子上都有双画直纹,好像人的手纹形状，而花瓣内内外外、大大小小、重重叠叠参差交互，一派生机盎然之气，不禁让人怀疑这是不是造物主有意而为的杰作。凡是菊花的形状，像金铃那样的千叶显得太厚，像大金铃那样的单叶则显得太薄，只有都胜、新罗、御爱、棣棠这几种菊花，倒是厚薄适中，而都胜又是其中最美的品种啊。我曾经说过，菊花之所以称为花，都是因为其香味色泽姿态值得夸赞，而常常遗憾其枝条有些粗壮，叶子有些偏大。凡是姿态不出众的菊花，大多是受枝条和叶子拖累所致啊。这种菊花枝条较细，叶子较少，袅袅婷婷，仪态万方，而世俗的人们都以都胜来看待它，难道就是来源于此吗？此花有浅、深两种颜色，大概是初开花时颜色较深吧。

御爱第四[1]①

御爱，出京师，开以九月末。一名笑靥，一名喜容。淡黄千叶，叶有双纹，齐短而阔。叶端皆有两阙，内外鳞次，亦有瑰异之形[2]②，但恨枝干差粗，不得与都胜争先尔。叶比诸菊最小而青，每叶不过如指面大。或云出禁中③，因此得名。

[校勘]

[1]御爱：此条他本内容出入甚小，唯百菊集谱本删减过半，文曰："御爱菊，出京师，或云出禁中，一名笑靥，一名喜容。淡黄千叶，叶有双纹，齐短而阔。叶端有两缺，内外鳞次。"

[2]阙：百菊集谱本作"缺"。形：四库说郛本作"状"，香艳丛书本作"称"。

[注释]

①御爱：帝王所喜爱之物。此处指菊花品种名。御，泛指对帝王所作所为及所用物的敬称。

②瑰异：珍奇。

③禁中：指帝王所居宫内。汉蔡邕《独断》卷上："禁中者，门户有

禁，非侍御者不得入，故曰禁中。"

[译文]

御爱产自京城，九月底开花。一名笑靥，一名喜容。其颜色淡黄，花瓣重叠繁多，叶子上有双重纹路，整齐短小而且宽阔。叶子的边缘都有两个缺口，由内而外像鱼鳞那样密密排列，其中也有珍奇少见的形状，但令人遗憾的是枝干稍微有些粗，故而不能与都胜一争先后了。跟其他种类的菊花相比，御爱的叶子是最小的，而且颜色比较青，每片叶子不过像指面那般大。有人说此花出自帝王宫中，因此获得御爱的名称。

玉毬第五

玉毬[1]，出陈州，开以九月末[2]。多叶白花，近蕊微有红色。花外大叶有双纹，莹白齐长，而蕊中小叶如剪茸。初开时有青壳[3]，久乃退去，盛开后小叶舒展，皆与花外长叶相次倒垂。以玉毬目之者，以其有圆聚之形也。[4]枝干不甚粗，叶尖长，无刓阙①，枝叶皆有浮毛，颇与诸菊异。然颜色标致，固自不凡。近年以来方有此本，好事者竞求，致一二本之直比于常菊②，盖十倍焉。

[校勘]

[1]玉毬：百菊集谱本作"玉毬菊"。

[2]"开以九月末"句：百菊集谱本脱此句。

[3]"初开时有青壳"句：百菊集谱本脱此句。

[4]"以玉毬目之者，以其有圆聚之形也"二句：涵芬楼说郛本脱"其"字，四库说郛本、香艳丛书本作"而玉毬目之者，以其有圆聚之形也"。又，百菊集谱本此二句之后内容删去。

[注释]

①刓（wán）阙：一作刓缺，因折磨而减损。

②直：价值，代价。

[译文]

　　玉毯产自陈州，九月底开花。多叶白花，花蕊周围微微呈现红色。花朵外侧的大叶上有双重纹理，晶莹洁白而且长短一致，而花蕊中间的叶子如刚刚修剪过的初生小草一般纤细柔软。花儿初开时有青色的外壳，时间久了就慢慢褪去，盛开之后小叶渐渐舒展，与花朵外面的长叶参差交互着倒垂下来。之所以把它视为玉毯，是因为这种花紧紧地攒成圆形的缘故啊。其枝干不太粗壮，叶子又尖又长，没有折损的痕迹，枝叶上都是浮毛，与一般的菊花品种迥然不同。然而其颜色标致，仍然非同寻常。因为这个品种近年以来才出现，那些喜欢猎奇的人们争相求购，致使这种菊花一二棵的价值，比寻常的菊花甚至能贵上十倍呢。

玉铃第六[1]

　　玉铃，未详所出，开以九月中。纯白千叶，中有细铃，甚类大金铃菊。凡白花中，如玉毯、新罗，形态高雅，出于其上，而此菊与之争胜，故余特次二菊，观名求实，似无愧焉。

[校勘]

　　[1]此条他本内容均同，唯百菊集谱本极其简略，只录菊品典型特征，文曰："玉铃菊，纯白千叶，中有细铃。"

[译文]

　　玉铃，不知产自哪里，九月中旬开花。花朵呈纯白色，花瓣重叠繁多，其中有的像细小的铃铛，跟大金铃菊非常类似。所有开白花的菊花，如玉毯、新罗之类，外形姿态高贵典雅，比这种菊花更出众，可是它却敢与上述两种菊花一争胜负，因此我特意将其列于上述两种菊花之后，观其名而求其实，似乎比较起来并不逊色。

[清] 胡远《菊石图》

金万铃第七[1]

金万铃,未详所出,开以九月末,深黄千叶。菊以黄为正,而铃以金为质①。是菊正黄色,而叶有铎形②,则于名实两无愧也③。菊有花密枝褊者[2]④,人间谓之鞍子菊,实与此花一种,特以地脉肥盛使之然尔[3]⑤。又有大万铃、大金铃、蜂铃之类,或形色不正,比之此花,特为窃有其名也。

[校勘]

[1]此条他本内容相仿,唯百菊集谱本删减过半,文曰:"金万铃,深黄千叶,而叶有铎形。或有花密枝偏者,谓之鞍子菊,实与此花一种。"

[2]褊:百菊集谱本、四库说郛本作"偏"。

[3]肥盛:涵芬楼说郛本作"微盛"。

[注释]

①正:纯,不杂。质:本体,本性。

②铎:大铃,形如铙、钲而有舌,古代宣布政教法令或遇战事时用的,

亦为古代乐器，盛行于中国春秋至汉代。

③名实：名称与实际。

④褊（biǎn）：狭小，细小。

⑤地脉肥盛：地下水肥壮盛多。

[译文]

金万铃，不知产自哪里，九月底开花，颜色深黄，花瓣重叠繁多。菊花本来就以黄色最为纯正，而铃铛以金色最为正宗。这种菊花是最纯正的黄色，而且叶子呈铎形，因此不论名称还是实际比较起来都并不逊色啊。有一种菊花的花朵繁盛而枝条细小，就是民间所谓的鞍子菊，实际上与这种菊花就是同一品种，只不过因为其所处的地下水肥壮盛多罢了。又有大万铃、大金铃、蜂铃等与此相类似的菊花品种，有的形状不够纯正，有的色泽不够纯正，跟金万铃相比，不过是徒有虚名罢了。

大金铃第八[1]①

大金铃，未详所出，开以九月末。深黄有铃者，皆如铎铃之形，而此花之中，实皆五出②。细花下有大叶承之，每叶之有双纹[2]，枝与常菊相似，叶大而疏，一枝不过十余叶。俗名大金铃，盖以花形似秋万铃尔。

[校勘]

[1]此条他本内容相仿，唯百菊集谱本删减过半，文曰："大金铃，深黄，有铃如铎形，花为五出，细花下有大叶承之。"

[2]"每叶之有双纹"句：涵芬楼说郛本作"每叶上有双纹"，香艳丛书本作"每叶有双纹"。

[注释]

①金铃：菊花品种名。宋孟元老《东京梦华录·重阳》："都下赏菊有

数种，黄色而圆者曰金铃菊。”

②五出：犹五瓣。《太平御览》卷十二引《韩诗外传》：“凡草木花多五出，雪花独六出。”

[译文]

大金铃，不知产自哪里，九月底开花。颜色深黄有铃的花朵，都像铎铃的形状，而这种菊花的花瓣，实际上都是五瓣。小花朵下面有大叶托起，每片叶子都有双重纹路，枝条与平常的菊花相类似，叶子大而疏阔，一根枝条上面不过十多片叶子。俗名大金铃，大概因为其花朵的形状跟秋万铃十分相似吧。

银台第九[1]

银台，深黄万银铃，叶有五出，而下有双纹白叶开之[2]。初疑与龙脑菊一种，但花形差大，且不甚香，其俗谓龙脑菊为小银台[3]，盖以相似故也。枝干纤柔，叶青黄而粗疏。近出洛阳水北小民家，未多见也。

[校勘]

[1]此条他本内容相仿，唯百菊集谱本亦甚简略，文曰：“银台菊，出洛阳。叶有五出，而下有双纹白叶承之。初疑与龙脑菊一种，但花形差大，且不甚香。”

[2]开：百菊集谱本作“承”字。

[3]“且不甚香”二句：涵芬楼说郛本、四库本、四库说郛本、香艳丛书本均作“且不甚香耳，俗谓龙脑菊为小银台”。

[译文]

银台，颜色深黄，像挂有万个银铃，叶子有五瓣，而且下面是有双纹的白色叶子撑起。我起初怀疑它与龙脑菊是同一品种，但其花朵的形状稍微大一些，且不太香，民间俗称龙脑菊为小银台，大概因为二者比较相似的缘故吧。此菊枝干纤细而柔软，叶子颜色青黄而不精细。它新近才在洛水北岸的普通农户家被发现，并不常见。

棣棠第十^[1]

棣棠，出西京^①，开以九月末。深黄双纹多叶，自中至外，长短相次，如千叶棣棠状。凡黄菊类多小花，如都胜、御爱，虽稍大而色皆浅黄，其最大者若大金铃菊，则又单叶浅薄，无甚佳处。唯此花深黄多叶，大于诸菊，而又枝叶甚青，一枝聚生至十余朵^[2]，花叶相映，颜色鲜好，甚可爱也。

[校勘]

[1]此条他本内容相仿，唯百菊集谱本亦甚简略，文曰："棣棠菊，出西京。深黄双纹多叶，自中至外，长短相次，如千叶棣棠状。大于诸菊，一枝丛生至十余朵，颜色鲜好。"

[2]聚生：百菊集谱本、涵芬楼说郛本作"丛生"。

[注释]

①棣棠：蔷薇科观赏植物，落叶灌木，叶长椭圆状卵形，边缘有重锯齿。暮春开花，金黄色，单生于短枝顶端。此处指菊花品种名。西京：五代后晋天福三年（938）自东都河南府迁都汴州，以汴州为东京开封府，改东都河南府为西京，后汉、后周与北宋沿袭不改。

[译文]

棣棠，产自西京洛阳，九月底开花。颜色深黄，双纹多叶，花朵自中至外，长短花瓣次第排列，好像千叶棣棠的形状。黄菊类植物大多开小花，如都胜、御爱之类，虽花朵稍大而颜色都呈现出浅黄色，其中花朵最大的比如大金铃菊，往往又是单叶花朵层次较少，没有什么出众之处。唯有这种花颜色深黄且多叶，比其他菊花花朵都大，而且枝叶又很青绿，往往一根枝条上能集中生长出十余朵花，鲜花与枝叶交相辉映，颜色鲜丽美好，非常可爱。

蜂铃第十一

蜂铃，开以九月中。千叶深黄，花形圆小，而中有铃叶拥聚蜂起，细视若有蜂窠之状①。[1]大抵此花似金万铃，独以花形差小而尖，又有细蕊出铃叶中，以此别尔。

[校勘]

[1]"蜂铃……蜂窠之状"一段：百菊集谱本只录此段，且删去"开以九月中"五字。

[注释]

①蜂窠（kē）：即蜂巢，蜂类的窝。

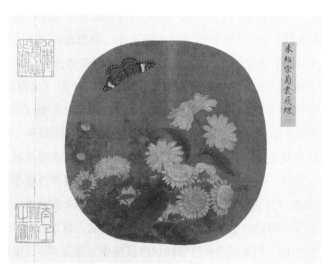

[南宋] 朱绍宗《菊丛飞蝶图》

蜂铃，九月中旬开花。花瓣重叠繁多，颜色深黄，花朵外形又圆又小，而中间有很多铃形的叶子，像群蜂飞舞，纷纷然聚集在一起，仔细审视犹如蜂巢一般。大致来说，此花跟金万铃相似，只是因为花形稍显细而且尖，又有细蕊从铃形叶子中伸出，因此才有所区别。

鹅毛第十二[1]

鹅毛，未详所出，开以九月末。淡黄，纤细如毛，生于花萼上①。凡菊大率花心皆细叶，而下有大叶承之，间谓之托叶②。今此毛花自内自外[2]，叶皆一等，但长短上下有次尔。花形小于金万铃，亦近年新花也。

［校勘］

[1]此条他本内容相仿，唯百菊集谱本亦甚简略，文曰："鹅毛菊，淡黄，纤细如毛，生于花萼上。自内自外，叶皆一等，但长短上下有次尔。"

[2]"今此毛花自内自外"句：百菊集谱本作"自内自外"，四库本作"今比毛花自内至外"，四库说郛本作"今鹅毛花自内至外"，香艳丛书本作"今此毛花自内自外"。综合各家之说，似当为"今此毛花自内至外"。

［注释］

①花萼：简称萼。花叶的外层，由分离或连合的萼片组成，通常绿色和叶状，包在花瓣外面，花开时托着花冠，但常像花冠一样有颜色。有时亦指花。

②托叶：指叶柄基部、两侧或腋部所着生的细小绿色或膜质片状物。通常先于叶片长出，在早期起保护幼叶和芽的作用，其形状、大小因植物种类不同差异甚大。

［译文］

鹅毛，不知出自哪里，九月底开花。颜色淡黄，像毛发般纤细，生长在花萼上。常见的菊花大多花心都是细叶，而下面有大叶子托起，间或人们称之为托叶。现在看这种如毛的花，无论从内部看还是从外部看，其叶子都整齐一致，只不过花瓣的长短上下有些层次罢了。其花朵形状略小于金万铃，也是近年来培育出的新品种。

毬子第十三^[1]

毬子，未详所出，开以九月中。深黄千叶，尖细重叠，皆有伦理^①。一枝之杪^②，聚生百余花，若小毬。诸菊黄花最小无过此者，然枝青叶碧，花色鲜明，相映尤好也。

[校勘]

[1]此条他本内容均同，唯百菊集谱本记录此品的文字是："毬子菊，深黄千叶，尖细重叠，皆有伦理。一枝之杪，丛生百余花，若小毬。诸菊最小无过此者。"

[注释]

①伦理：犹纹理，事物的条理。

②杪（miǎo）：树枝的细梢。

[译文]

毬子，不知其出自哪里，九月中旬开花。颜色深黄，花瓣重叠繁多，又尖又细，重重叠叠，且都有纹理。每一根枝条的细梢上，都聚生着百余朵花，好像许多小球球。在所有开黄花的菊花中没有比它更小的了，然而其枝条青葱，叶子碧绿，花色鲜艳明媚，枝叶与花朵交相辉映，特别好看。

夏金铃第十四

夏金铃，出西京，开以六月。深黄千叶，甚与金万铃相类，而花头瘦小^①，不甚鲜茂，盖以生非时故也。^[1]或曰：非时而花，失其正也，而可置于上乎？曰：其香是也，其色是也，若生非其时，则系于天者也。夫时以生非其时而置之诸菊之上^[2]，香色不足论矣，奚以贵质哉^②？

[校勘]

[1]"夏金铃……盖以生非时故也"一段：百菊集谱本仅记录此段文字，且"甚与金万铃相类"句脱"甚"字。

[2]"夫时以生非其时"句：第一个"时"字，涵芬楼说郛本、四库本、四库说郛本、香艳丛书本均作"特"。

[注释]

①花头：花朵。

②奚：如何，怎样。质：辨别，责问，评价。

[译文]

夏金铃，出自西京，六月开花。颜色深黄，花瓣重叠繁多，与金万铃非常类似，只是花朵又瘦又小，没有金万铃那么鲜艳茂盛，大概是因为它生长的季节不合时令吧。有人说：不合时令而开花，就失去了其正统地位，又怎么能够将其置于上位呢？回答说：它的香气纯正，它的颜色纯正，如果说它的出生不合时令，那么原因在于上天的安排啊。时人却因其出生不合时令而（质疑其）被置于众多菊花之上（的原因），如果香气和颜色还不值得称道，那么又怎么能够用贵贱来评价它呢？

秋金铃第十五

秋金铃，出西京，开以九月中。深黄双纹重叶，花中细蕊皆出小铃萼中，其萼亦如铃叶^[1]，但此花叶短矿而青^{[2]①}，故谱中谓铃叶铃萼者，以此有如蜂铃状。余顷年至京师始见此菊^②，戚里相传^③，以为爱玩^④。其后菊品渐盛，香色形态往往出此花上，而人之贵爱寞落矣[3]⑤。然花色正黄，未应便置诸菊之下也。

[校勘]

［1］"秋金铃……其萼亦如铃叶"一段：百菊集谱本录作"秋金铃，出西京。深黄双纹重叶，花中细蕊皆出小铃萼中，其萼亦如铃叶"，且此段后内容删节不录。

［2］此花：涵芬楼说郛本、四库本、四库说郛本、香艳丛书本均作"比花"，今从百川学海本。

［3］寞落：涵芬楼说郛本作"落寞"。

[注释]

①短矿：短小坚硬。

②顷年：往年。

③戚里：泛指亲戚邻居。

④爱玩：喜爱而玩赏。

⑤贵爱：珍贵爱重。寞落：寂寞，冷落。

[译文]

秋金铃，出自西京，九月中旬开花。颜色深黄，花瓣有双重纹理，叶子重叠繁多，花朵中间的细蕊都出自像小铃儿一样的花萼，而且其花萼跟铃叶也很相像，但这种菊花的叶子又短又阔而且颜色发青，所以花谱中有铃叶、铃萼之说，就是因为这种菊花跟蜂铃十分相像的缘故。我往年到京师后才见到这种菊花，亲戚邻居之间争相转告，把它当作喜爱玩赏的对象。后来菊花品种越来越多，香气、色泽、形态等方面往往在这种菊花之上，人们对它也由最初的珍爱之心日渐趋于冷落。然而这种菊花的黄色比较纯正，不能因为被人冷落就置于众多菊花品种之下啊。

金钱第十六

金钱，出西京，开以九月末。深黄双纹重叶，似大金菊，而花形圆齐，颇类滴漏花[1]①。（栏槛处处有，亦名滴滴金，亦名金钱子[2]②。）人未识者，或以为棠棣菊③，或以为大金铃。但以花叶辨之，乃可见尔。

[校勘]

[1]类：涵芬楼说郛本作"得"。颇类滴漏花：百菊集谱本此句之后内容不录。滴漏花，百菊集谱本作"滴滴金"。

[2]亦名金钱子：四库说郛本作"一名金滴子"，香艳丛书本作"一名金漏子"。

[注释]

①滴漏花：即旋覆花，又名金钱花、金钱子、滴滴金、金沸草，多年生草本植物，叶针形或长椭圆形，花色黄，圆而覆下，故名。可入药。明李时珍《本草纲目·草之四·旋覆花》〔集解〕引苏颂曰："六月开花如菊花，小铜钱大，深黄色。上党田野人呼为金钱花，七八月采花。"滴漏，即漏壶，或称漏刻，古代利用滴水多寡来计量时间的一种仪器，因漏壶的箭上刻符号表时间，故称。

②"栏槛处处有"三句：此三句系原文下自注。栏槛（jiàn）：栏杆。

③棠棣：花名，俗称棣棠，花黄色，春末开。

[译文]

金钱，出自西京，九月底开花。颜色深黄，花瓣有双重纹理，叶子重叠繁多，很像大金菊，而且花朵形状又圆又整齐，与滴漏花非常相似。（有栏杆的地方随处可见，又名滴滴金，亦称金钱子。）有些不认识它的人常常把它当成棠棣菊，也有人认为它就是大金铃。但是只要仔细辨认花朵和枝叶，就能够区别开来。

邓州黄第十七

邓州黄，开以九月末，单叶双纹，深于鹅黄而浅于郁金，中有细叶出铃萼上，形样甚似邓州白，但小差尔。[1]按：陶隐居云南阳郦县有黄菊而白者①，以五月采。今人间相传，多以白菊为贵，又采时乃以九月，颇与古说相异。然黄菊味甘气香，枝干叶形全类白菊，疑乃弘景所记尔。

[校勘]

[1]"邓州黄……但小差尔"一段：百菊集谱本录作"邓州黄，单叶双纹，深于鹅黄浅于郁金，中有细叶出铃萼上，形似邓州白，但差小尔"，且以后内容删去。小差尔：涵芬楼说郛本、四库说郛本作"差小耳"。又，百菊集谱本文下自注："愚斋云：《本草图经》有邓州菊花。"

[注释]

①郦县：古县名，楚郦邑。秦置。北魏分置南郦、北郦二县，此为南郦，亦谓之下郦。北周复合为一县，隋改为菊潭县，五代周省。在今河南内乡县东北。参见《读史方舆纪要》卷五十一。

[译文]

邓州黄，九月底开花，单叶上有双重纹路。颜色比鹅黄稍深而较郁金稍浅，中间有出自铃萼上的细小叶片，形状样貌都跟邓州白很相似，只不过稍微有些逊色罢了。按：陶隐居说过南阳郦县有一种颜色发白的黄菊，每年五月份采摘。如今民间私下相传的说法，大多认为白菊最贵重，再加上采摘的时间是九月份，与古代的说法很不一致。然而黄菊的味道甘甜气味香浓，其枝干和叶子形状等跟白菊完全一样，因此我怀疑这就是陶弘景所记载的"黄菊而白者"吧。

蔷薇第十八

蔷薇，未详所出，九月末开。深黄双纹单叶，有黄细蕊出小铃萼中，枝干差细，叶有支股而圆。[1]今蔷薇有红黄千叶单叶两种，而单叶者差淡，人间谓之野蔷薇，盖以单叶者尔。

[校勘]

[1]"蔷薇……叶有支股而圆"一段：百菊集谱本录作"蔷薇菊，深黄双纹单叶，如野蔷薇。有黄细蕊出小铃萼中，枝干差细，叶有支股而圆"。

[译文]

蔷薇，不知产自哪里，九月底开花。颜色深黄，单叶上呈双重纹路，上面的黄色细蕊出自小铃萼中，枝干稍微有点纤细，叶脉清晰而圆润。现今的蔷薇菊可以分成红黄色千叶蔷薇菊和红黄色单叶蔷薇菊两大类型，而单叶蔷薇颜色稍显浅淡，民间称之为野蔷薇，大概是因为单叶的缘故吧。

黄二色第十九

黄二色，九月末开[1]，鹅黄双纹多叶，一花之间，自有深淡两色。然此花甚类蔷薇菊，唯形差小。又近蕊多有乱叶，不然，亦不辨其异种也。[2]

[校勘]

[1]九月末开：百菊集谱本无此句。

[2]"然此花甚类蔷薇菊……亦不辨其异种也"一段：百菊集谱本删去"然此花"、"不然，亦不辨其异种也"十二字。

[译文]

黄二色，九月底开花，颜色鹅黄，双纹多叶，每朵花之间自然呈现出深浅两种颜色。然而这种菊花跟蔷薇菊很类似，只是形体稍小，加上靠近花蕊的地方常长有杂乱的叶子，如果不是这样，也就很难被分辨出是另外一个品种。

甘菊第二十

甘菊，生雍州川泽①，开以九月，深黄单叶。间巷小人且能识之②，固不待记而后见也。然余窃谓古菊未有瑰异如今者，而陶渊明、张景阳、谢希逸、潘安仁等③，或爱其香，或咏其色，或采之于东篱④，或泛之于酒罍⑤，疑皆今之甘菊花也。[1]夫以古人赋咏赏爱[2]⑥，至于如此，而一旦以今菊之盛，遂将弃而不取，是岂仁人君子之于物哉⑦？故余特以甘菊置于白、紫、红菊三品之上，其大意如此。

[校勘]

[1]"甘菊……疑皆今之甘菊花也"一段：百菊集谱本录作"甘菊，生雍州川泽，深黄单叶。闾巷之人且能识之，固不待记而后见也。余窃谓古菊，陶渊明、张景阳、谢希逸、潘安仁等，或爱其香，或咏其色，或采于东篱，或泛于酒罍，疑皆今之甘菊花也"。闾巷小人：他本均作"闾巷小人"，唯百菊集谱本作"闾巷之人"。

[2]赏爱：四库说郛本作"爱赏"。

[注释]

①雍州：中国古九州之一。《书·禹贡》载："黑水西河唯雍州。"今陕西、甘肃及青海额济纳之地即古雍州，唯陕西之旧汉中兴安商州、甘肃之旧阶州为古梁州城。周合梁州于雍州。又周室发祥地凤翔因传说"凤凰鸣于岐，翔于雍"而得名，古称雍州。川泽：河川和湖沼，泛指江河湖泊。

②闾（lú）巷：小的街道，即里巷，泛指乡里民间。小人：平民百姓，指被统治者。

③张景阳：即西晋文学家张协，安平（今属河北省）人。张协少有俊才，与其兄张载、其弟张亢齐名，时称"三张"。钟嵘《诗品》序中将"三张"与"二陆"（陆机、陆云）、"两潘"（潘岳、潘尼）、"一左"（左思）并提，评价张协云："晋黄门郎张协，其源出于王粲。文体华净，少病累。又巧构形似之言，雄于潘岳，靡于太冲。风流调达，实旷代之高手。词采葱菁，音韵铿锵，使人味之亹亹不倦。"张协《杂诗十首》（其三）关于菊花的名句是："寒花发黄采，秋草含绿滋。"谢希逸：即南朝宋辞赋家、诗人

［明］唐寅《东篱赏菊图》

谢庄，字希逸，祖籍陈郡阳夏（今河南太康）。历官太子中庶子、侍中、吏部尚书等，南朝宋明帝泰始元年（465），授散骑常侍、金紫光禄大夫，卒谥宪子。谢庄早慧，7 岁通《论语》，年轻时文名即远播北魏，钟嵘《诗品》评其为清雅，有谢灵运山水诗之风。其杂言诗《怀园引》有句云"菊有秀兮松有薐，忧来年去容发衰"，情调虽有些低沉，却不失清新流利。《隋书·经籍志》录其集为 19 卷，今存作品不及十分之一，明人张溥辑有《谢光禄集》，收入《汉魏六朝百三名家集》。潘安仁：即西晋文学家潘岳，字安仁，祖籍荥阳中牟（今属河南）。潘岳从小受到很好的文学熏陶，"总角辩惠，摛藻清艳"，被乡里称为"奇童"（《文选·藉田赋》李善注引）；后因作《藉田赋》，招致忌恨，滞官不迁达 10 年之久。历任著作郎、给事黄门侍郎等职。是贾谧文人集团"二十四友"的首要人物。永康元年（167），赵王伦擅政，遭中书令孙秀诬陷被杀，夷三族。《隋书·经籍志》录有《晋黄门郎潘岳集》10 卷，已佚。张溥辑有《潘黄门集》，收入《汉魏六朝百三名家集》。

④采之于东篱：陶渊明《饮酒》（其五）有句云："采菊东篱下，悠然见南山。"后因以指种菊之处，菊圃。

⑤泛之于酒斝：潘岳《秋菊赋》有句云："泛流英于清醴，似浮萍之随波。"清醴（lǐ），清酒。酒斝（jiǎ），古代青铜制的酒器，圆口，三足。

⑥赋咏：创作和吟诵诗文。赏爱：赏识喜欢。

⑦仁人君子之于物：语出《周易·坤卦》："地势坤，君子以厚德载物。"意思是君子处事，应该像大地一样厚实和顺，增厚美德，容载万物。

[译文]

甘菊，产自古代雍州地区的江河湖泊，九月开花，颜色深黄，属于单叶。乡里民间的平民百姓尚且都认识，本来是不需要单独记录下来告诉后人的。然而我私下认为古菊没有像这样奇异的，而且历史上那些咏菊的大家名家如陶渊明、张景阳、谢希逸、潘安仁等，有人喜爱菊花的香气袭人，有人赞赏菊花的颜色美丽，有人采摘于东篱菊圃，有人游览宴饮之时不离左右，我怀疑上述提及的菊花都是当今世人认识的甘菊花啊。像这样作为古人反复歌颂和吟咏的对象，为古代的文人墨客所深深赏识和喜爱的菊花，如果因为现在社会上菊花品类比较繁多，而最终导致其被弃置，不为人们所取，这哪里是仁人君子厚德载物的态度啊？因此我特意把甘菊置于白菊、紫菊、红菊三个品种之上，要义就在于此。

酴醾第二十一[1]

酴醾①，出相州②，开以九月末。纯白千叶，自中至外，长短相次，花之大小，正如酴醾，而枝干纤柔，颇有态度。若花叶稍圆，加以檀蕊③，真酴醾也。

[校勘]

[1]此条他本内容皆同，唯百菊集谱本录作"酴醾菊，出相州。纯白千叶，自中至外，长短相次，花之大小，正如酴醾。"

[注释]

①酴醾（tú mí）：本酒名，是一种经几次复酿而成的甜米酒，也称重酿酒。以花颜色似之，故取以为花名。

②相州：北魏天兴四年（401）置，以邺行台所辖六郡（魏郡、阳平、广平、汲郡、顿丘、清河）改设为相州，州治在邺（今河北临漳县境）。北周武帝平齐，复改为相州。北周大象二年（580），隋公杨坚镇压了对自己不服的相州总管尉迟迥，并下令火焚邺城，移相州于安阳城。隋大业三年（607），改相州为魏郡。唐武德元年（618），复为相州。后晋天福三年（938），置彰德军于相州，增辖澶、卫二州之地。宋代地理志仍称相州、邺郡、彰德军。故隋朝以前相州在河北邺城，隋朝以后相州在河南安阳。参见《读史方舆纪要》卷四十九《彰德府·安阳县》。

③檀蕊：浅红色或浅绛色的花蕊。

[译文]

酴醾，产自相州，九月底开花。颜色纯白，花瓣重叠繁多，由内而外，长短次第交互，花朵的大小跟酴醿花相仿，只不过枝干更加纤细柔软，姿态更加出众。如果花叶稍圆，再配以浅绛色的花蕊，就变成真正的酴醿花了。

玉盆第二十二

玉盆，出滑州[1]，开以九月末。多叶黄心，内深外淡，而下有阔白大叶连缀承之，有如盆盂中盛花状。[1]然人间相传以谓玉盆菊者[2]，大率皆黄心碎叶，初不知其得名之由，后请疑于识者，始以真菊相示，乃知物之见名于人者，必有形似之，实非讲寻无倦，或有所遗尔。

[校勘]

[1]"玉盆……有如盆盂中盛花状"一段：百菊集谱本仅录此段，唯脱"开以九月末"五字。

[2]以谓：涵芬楼说郛本、四库说郛本作"以为"。

[注释]

①滑州：古豕韦氏国，春秋时卫地。汉置白马县，属东郡。隋开皇中改滑州，取境内滑台城为名。唐宋因之。明改为滑县。今属河南省安阳市。参见《太平寰宇记》卷九《滑州》、《寰宇通志》卷六《大名府》。

[译文]

玉盆，出自滑州，九月底开花。花叶繁多，花心呈黄色，内深外淡，而且下面还连接着阔大的白叶用以支撑着它，犹如脸盆或盂器中插着的鲜花一样。然而民间相传所谓的玉盆菊，大多是黄色的花心、细碎的叶子。我起初不知道这种菊花得名的原因，后来向内行人请教这个问题，才把真正的玉盆菊摆出来给我看，我才知道每种事物之所以能为人所知，一定是因为其外形有相似之处，确实不像有人说的那样，苦苦寻找而不懈怠，或许还是有所遗漏吧。

邓州白第二十三^[1]

邓州白，九月末开，单叶双纹白花，中有细蕊出铃萼中。凡菊单叶如蔷薇菊之类，大率花叶圆密相次。（花叶，谓头上白叶，非枝叶之叶，他称花叶仿此。^①）而此花叶皆尖细，相去稀疏，然香比诸菊甚烈，而又正为药中所用，盖邓州菊潭所出尔^②。枝干甚纤柔，叶端有支股而长，亦不甚青。

[校勘]

[1]此条他本内容均同，唯百菊集谱本有删节，文曰："邓州白，单叶双纹白花，中有细蕊出铃萼中。叶皆尖细，相去稀疏，香比诸菊甚烈，盖邓州菊潭所出。"

[注释]

① "花叶……他称花叶仿此"一段：此段系原文下自注。

② 菊潭：地名，汉代郦县。县西北有鞠水，亦称菊潭或菊水，其水甘芳。隋开皇初更名菊潭。在今河南内乡县东北。见《汉书·地理志上·弘农郡》、《后汉书·郡国志四·南阳郡》、《隋书·地理志中·南阳郡》。传说饮菊潭之水可长寿。《后汉书·郡国志四·南阳郡》"郦侯国"注引《荆州记》云："县北八里有菊水，其源旁悉芳菊，水极甘馨。又中有三十家，不复穿井，仰饮此水，上寿百二十三十，中寿百余，七十者犹以为夭。"北魏郦道元《水经注·湍水》："湍水之南，菊水注之。水出西北石涧山芳菊溪，亦言出析谷，盖溪涧之异名也。源旁悉生菊草，潭涧滋液，极成甘美。云此谷之水土，餐挹长年。"参见"邓州黄第十七"条下"郦县"注。

[译文]

邓州白，九月底开花，单叶上呈双重纹路，花朵呈白色，中间细小的花蕊出自小铃萼中。大凡单叶菊花诸如蔷薇菊之类，一般的花叶又圆又密。（花叶，指的是花朵顶部的白色叶子，并非枝叶上的叶子，其他地方指称花叶之处都与此相类似。）可是这种菊花的花叶都又尖又细，相互之间稀稀疏疏，然而香气却比一般的菊花更为浓烈，而且又是中药中常用的药材，大概是出自邓州菊潭的品种吧。此菊枝干非常纤细柔弱，叶子周围长有很长的小枝条，颜色并不太青。

白菊第二十四[1]

白菊，单叶白花，蕊与邓州白相类，但花叶差阔，相次圆密，而枝叶粗繁。人未识者多谓此为邓州白，余亦信以为然。后刘伯绍访得其真菊①，较见其异，故谱中别开邓州白，而正其名曰白菊。

[校勘]

[1]此条他本内容皆同，唯百菊集谱本无"余亦信以为然""刘伯绍访得其真菊"十四字。

[注释]

①刘伯绍：即前文《谱叙》中所云"隐居伊水之灊"的"刘元孙伯绍者"。

[译文]

白菊是一种单叶白花的菊花品种，花蕊与邓州白类似，但是花叶却稍微阔大一些，叶子又圆又密，而且枝叶粗壮繁盛。不认识此花的人大多把它当成邓州白，我以前也信以为真。后来刘伯绍访得真正的白菊，能够将二者清楚地区分开来，因此我在这部菊谱中另外列出邓州白，而为这种菊花正名，称其为白菊。

银盆第二十五[1]

银盆，出西京，开以九月中。花中皆细铃，比夏、秋万铃差疏，而形色似之。铃叶之下，别有双纹白叶，故人间谓之银盆者，

［近代］吴昌硕《延年益寿图》

以其下叶正白故也。此菊近出，未多见[2]，至其茂肥得地，则一花之大，有若盆者焉。

[校勘]

[1]此条他本内容略同，唯百菊集谱本有删节，文曰："银盆菊，出西京。花中皆细铃，铃叶之下，别有双纹白叶，故谓之银盆。"

[2]未多见：涵芬楼说郛本脱"见"字。

[译文]

银盆，产自西京，九月中旬开花。每朵花中都有细铃，跟夏万铃和秋万铃相比稍微稀疏一些，但形状和色泽非常相似。铃叶的下面，另外长有双重纹理的白色叶子，所以民间称其为银盆的原因，就在于其花朵下面的叶子是纯正白色的缘故啊。这种菊花最近才出现，并不多见，像那些肥料充足长得茂盛的地方，有时候一朵盛开的花，就像盆子那么大。

顺圣浅紫第二十六[1]①

顺圣浅紫，出陈州、邓州，九月中方开。多叶，叶比诸菊最大，一花不过六七叶，而每叶盘叠凡三四重，花叶空处间有筒叶辅之②。大率花形、枝干类垂丝棣棠③，但色紫花大尔。余所记菊中，唯此最大[2]，而风流态度，又为可贵，独恨此花非黄、白，不得与诸菊争先也。

[校勘]

[1]此条他本内容略同，唯百菊集谱本有删节，文曰："顺圣浅紫，出陈州、邓州。多叶，叶比诸菊最大，一花不过六七叶，而每叶盘叠凡三四重，花叶空处间有筒叶辅之。余所记菊中，唯此最大。"

[2]唯：涵芬楼说郛本作"推"。

[注释]

①顺圣：牡丹的一种，色深类似陈州紫，每叶上有白缕数道，自唇至萼，紫白相间，深浅同，宋熙宁中培育成新品种。又名"顺圣紫"。首见于宋周师厚《洛阳花木记·牡丹》所记载，约略有双头紫、左紫、紫绣毯、安胜紫、大宋紫、顺圣紫、陈州紫、袁家紫等类型。参见《广群芳谱》卷三十二《牡丹》一《顺圣》。此处所云"顺圣浅紫"系菊花品种，与牡丹品种"顺圣"的形状、色彩、姿态等非常类似。

②筒叶：筒状的叶子。

③垂丝：指如丝的枝条下垂。

[译文]

顺圣浅紫，产自陈州、邓州一代，九月中旬才开花。多叶，叶子比其他诸菊都大，每朵花不过六七片花瓣，可是每片花瓣交互簇生，重重叠叠三四层，花叶空隙处间或有筒状的叶子托起。大致说来，此花的形状、枝干都与垂丝棣棠很相似，只是颜色为紫色，花朵更大罢了。我在谱中记录的菊花品种中，只有这一种是最大的，而且其风韵仪态又尤为可贵，唯一的遗憾是此花不是纯正的黄色和白色，因此无法与众菊花一争先后啊。

夏万铃第二十七[1]

夏万铃，出郇州①，开以五月。紫色细铃，生于双纹大叶之上。以时别之者，以有秋时紫花故也。或以菊皆秋生花，而疑此菊独以夏盛。按：《灵宝方》曰"菊花紫白"，又陶隐居云"五月采"，今此花紫色而开于夏时，是其得时之正也，夫何疑哉？

[校勘]

[1]此条他本内容均同，唯百菊集谱本有删节，文曰："夏万铃，出郇州，开以五月。紫色细铃，生于双纹大叶之上。按：《灵宝方》曰'菊花紫白'，陶隐居云'五月采'，今此花紫色而开于夏时，是得时也。"

①鄜（fū）州：《禹贡》载雍州之域，春秋时白翟国。汉为上郡雕阴县地。西魏废帝元钦二年（552）改为鄜州，因春秋时秦文公立鄜畤为名。隋大业三年（607）改为鄜城郡，唐武德元年（618）复为鄜州。历代相因。民国2年（1913）改州为鄜县，属陕西省。参阅《太平寰宇记》卷三十五《鄜州》。

[译文]

夏万铃，产自鄜州，五月开花。花朵呈紫色细铃状，生长在双重纹理的大叶上面。之所以按照开花的季节来区别命名，是因为有的菊花品种在秋天也开放紫花的缘故啊。有人说菊花都是秋天开放，从而怀疑为何唯独这种菊花夏天开得比较茂盛。按：《灵宝方》中说"菊花紫白"，陶弘景也说"五月采"，现在这种紫色菊花在夏季开放，这本来就是正合时令啊，为什么要怀疑它呢？

秋万铃第二十八

秋万铃，出鄜州，开以九月中。千叶浅紫，其中细叶尽为五出铎形，而下有双纹大叶承之。[1]诸菊如棣棠是其最大，独此菊与顺圣过焉。或云与夏花一种，但秋夏再开尔。今人间起草为花，多作此菊，盖以其瑰美可爱故也。

[校勘]

[1]"秋万铃……而下有双纹大叶承之"一段：百菊集谱本仅录此段，且脱"开以九月中"五字。

[译文]

秋万铃，产自鄜州，九月中旬开花。多叶，花朵呈浅紫色，其中的细叶大多为五层铎形，而且下面有双纹大叶支撑着它。众多形似棣棠的菊花只有这个品种最大，唯有秋万铃与顺圣花朵出众。有人说它跟夏万铃是同一品种，只不过每年秋天、夏天开两次罢了。现今民间大多把草当成花来种植，这种菊花也种了很多，大概是因为它瑰丽多姿、令人喜爱的缘故吧。

绣毬第二十九

绣毬，出西京，开以九月中。千叶紫花，花叶尖阔相次，聚生如金铃菊中铃叶之状。[1] 大率此花似荔枝菊，花中无筒叶，而萼边正平尔。花形之大，有若大金铃菊者焉。

[校勘]

[1]"绣毬……如金铃菊中铃叶之状"一段：百菊集谱本仅录此段，且脱"开以九月中"五字。聚生：他本均作"聚生"，唯百菊集谱本作"丛生"。

[译文]

绣毬，产自西京洛阳，九月中旬开花。多叶紫花，花叶又尖又阔，长短相次，聚集在一起生长，犹如金铃菊中铃叶的形状。大概此种菊花与荔枝菊十分相似，只不过花中没有筒形的叶子，而且花萼的边缘比较方正平滑。此菊花朵外形很大，跟大金铃菊不相上下。

荔枝第三十

荔枝，枝紫[1]，出西京，九月中开[2]。千叶紫花，叶卷为筒（谓花叶也。凡菊铃叶有五出，皆如铎铃之形。又有卷生为筒无尖阔者，故谓之筒叶。他与此同[3]），大小相间。凡菊铃并蕊皆生托叶之上，叶背乃有花萼与枝相连，而此菊上下左右攒聚而生①，故俗以为荔枝者，以其花形正圆故也。花有红者与此同名，而纯紫者盖不多尔[4]。

[1]枝紫：涵芬楼说郛本脱"枝"字，四库本作"纯紫"。

[2]"九月中开"句：百菊集谱本脱此句。

[3]"谓花叶也……他与此同"一段：系原书自注。涵芬楼说郛本下无注文，百菊集谱本脱"他与此同"四字。

[4]"而纯紫者盖不多尔"句：百菊集谱本脱此句。

[注释]

①攒聚：聚集，丛聚。

[译文]

荔枝，枝条呈紫色，产自西京洛阳，九月中旬开花。多叶紫花，花叶卷成筒形（人称花叶。所有的菊花铃叶有五层，都像风铃形状。又有一种卷生筒状且没有叶尖的，人们称之为筒叶。其他菊花的情况与此类似），而且大小花叶交互生长。所有的菊铃和花蕊都跟托叶紧紧相连，叶背有花萼与枝条相连，而且此菊无论上下左右聚集在一起生长，因此时俗常称其为荔枝，就是因为此菊外形圆溜溜的缘故。有一种红色的花与此菊同名，可是颜色纯紫的菊花大概不会多见吧。

垂丝粉红第三十一[1]

垂丝粉红，出西京，九月中开。千叶，叶细如茸，攒聚相次，而花下亦无托叶。人以垂丝目之者，盖以枝干纤弱故也。

[校勘]

[1]此条他本内容均同，唯百菊集谱本略有删节，文曰："垂丝粉红，出西京。千叶，叶细如茸，攒聚相次，花下亦无托叶。"

垂丝粉红，产自西京洛阳，九月中旬开花。多叶，花叶纤细犹如茸毛，相互交错地聚集在一起，而且花叶下面也没有托叶。人们之所以把它看成垂丝，大概是因为其枝干比较纤弱的缘故吧。

杨妃第三十二[1]

杨妃，未详所出，九月中开。粉红千叶，散如乱茸，而枝叶细小，袅袅有态。此实菊之柔媚为悦者也①。

[校勘]

[1]此条他本内容均同，唯百菊集谱本略有删节，文曰："杨妃菊，粉红千叶，散如乱茸，而枝叶细小，袅袅有态。"

[注释]

①菊之柔媚为悦者：语出《战国策·赵策一》："豫让遁逃山中曰：嗟乎！士为知己者死，女为悦己者容。吾其报智氏之仇矣。"意思是有才能的人愿意为那些理解自己、欣赏自己的人而赴汤蹈火，女子则会为喜欢自己、欣赏自己的人而精心装扮。

[译文]

杨妃，不知道产自哪里，九月中旬开花。花朵呈粉红色，多叶，纷乱得没有条理，犹如乱茸一般，不过枝叶细小，袅袅婷婷，姿态迷人。这种菊花堪称为了"悦己者"而装扮的柔媚之菊啊。

合蝉第三十三[1]

合蝉，未详所出，九月末开。粉红筒叶，花形细者与蕊杂比。方盛开时，筒之大者裂为两翅，如飞舞状，一枝之杪，凡三四花，然大率皆筒叶，如荔枝。菊有蝉形者，盖不多尔[2]。

　　［1］此条他本内容略同，唯百菊集谱本有删节，文曰："合蝉菊，粉红筒叶，花形细者与蕊杂比。方盛开时，筒之大者裂为两翅，如飞舞状，一枝之杪，凡三四花。"

　　［2］不多：四库说郛本、香艳丛书本作"不同"。

［译文］

　　合蝉，不知道产自哪里，九月底开花。花朵粉红色，筒状叶子，有些花形状纤细，与花蕊相互交错。花朵刚刚盛开的时候，有些比较大的筒叶常常裂开，犹如两个翅膀在空中飞舞，一花枝末梢皆有三四个分支，然而大多都是筒状叶子，跟荔枝很像。蝉形的菊花虽然也有，但总体说来是不太多的。

红二色第三十四

　　红二色，出西京，开以九月末。千叶，深淡红，丛有两色。而花叶之中，间生筒叶，大小相映。方盛开时，筒之大者裂为二三，与花叶相杂，比茸茸然。[1]花心与筒叶中有青黄红蕊，颇与诸菊相异。然余怪桃花、石榴、川木瓜之类，或有一株异色者，每以造物之付受有不平欤，抑将见其巧欤？今菊之变，其黄白而为粉红、深紫固可怪，而又一株亦有异色并生者也，是亦深可怪欤！花之形度无甚佳处，特记其异尔。

［校勘］

　　［1］"红二色……比茸茸然"一段：他本略同。百菊集谱本仅录此段，且删去"开以九月末"五字。深淡：涵芬楼说郛本作"深浅"。比茸茸然：四库说郛本、香艳丛书本作"此茸茸然"，当为讹误。

红二色，产自西京，九月底开花。多叶，颜色呈深红和淡红，每丛都有深浅两种颜色。而花叶之中，间或生有筒状叶子，大大小小相互映衬。花朵刚刚盛开的时候，有些大的花筒常常裂开，分成二三枝，与花叶相互交错，看上去浓密丛生。花心与筒叶之间有些青色、黄色或红色的花蕊，与其他品种的菊花很不相同。然而让我觉得奇怪的是，像桃花、石榴、川木瓜之类的植物，间或会有一株颜色变异的现象，我常常认为是造物主给予人们的东西不太公平，或许是为了表现某种东西的巧妙吧？眼前这种菊花的变异，其由黄白色变成粉红色或深紫色本来就很奇怪，竟然又出现一株菊花上面同时并生两种不同颜色的现象，这确实也非常令人诧异啊！这种菊花的外形和姿态并没有什么特别出众的地方，只不过是记录它的奇异之处罢了。

桃花第三十五

桃花[1]，粉红单叶，中有黄蕊，其色正类桃花，俗以此名，盖以言其色尔。花之形度虽不甚佳，而开于诸菊未有之前[2]，故人视此菊如木中之梅焉。枝叶最繁密，或有无花者，则一叶之大，逾数寸也。

[校勘]

[1]桃花：百川学海本题目作"桃花"，此处原作"桃叶"，涵芬楼说郛本、四库本、四库说郛本均作"桃花"，香艳丛书本作"花桃"，今据原题、涵芬楼说郛本、四库本、四库说郛本改之。

[2]"桃花……而开于诸菊未有之前"一段：百菊集谱本所录内容略有删节，文曰："桃花菊，粉红单叶，中有黄蕊，其色正类桃花，开于诸菊未有之前。"文后有段自注文字，曰："自龙脑第一至桃花第三十五，皆是依元本之次第也。其间银台、白菊、桃花三种不该所开之时，唯夏万铃开于五月，夏金铃开于六月余，余三十种皆于九月开也。"则此段文字是对百菊集谱本不录各品开花时间的补充说明。

[译文]

　　桃花，粉红色，单叶，中有黄色的花蕊，因为其颜色跟桃花很类似，俗称其此名，大概是用来形容其颜色吧。此花的形态气度虽然不是特别出众，但因为其开花时间在其他菊花未开放之前，因此有人将这种菊花视作木中的梅花。桃花菊的枝叶最为繁密，其中间或有一株不开花的，其花叶很大，甚至能够超过几寸呢。

杂 记

叙 遗^[1]

余闻有麝香菊者，黄花千叶，以香得名；有锦菊者，粉红碎花，以色得名；有孩儿菊者，粉红青萼，以形得名；有金丝菊者，紫花黄心，以蕊得名。尝访于好事，求于园圃，既未之见，而说者谓孩儿菊与桃花一种，又云种花者剪掐为之。至锦菊、金丝，则或有言其与别名非菊者。若麝香菊，则又出阳翟①，洛人实未之见。夫既已记之，而定其品之高下，又因传闻附会而乱其先后之次②，是非余谱菊之意，故特论其名色③，列于记花之后，以俟博物之君子证其谬焉④。

[校勘]

[1]此条他本内容均同，唯百菊集谱本删节过半，文曰："余闻有麝香菊者，黄花千叶，以香得名；有锦菊者，粉红碎花，以色得名；有孩儿菊者，粉红青萼，以形得名；有金丝菊者，紫花黄心，以蕊得名。尝访于好事，求于园圃，既未之见，故特论其名色，列于记花之后。"

[注释]

①阳翟（dí）：地名，即今河南禹州市。相传为禹之都。春秋时郑国栎邑地，战国属韩，改称阳翟。秦代置县，汉初封韩王信于此。北魏置阳翟郡，隋废郡留县。唐代以后属地屡有变化。金朝改称钧州，以阳翟县为州治，属南京路。明万历年间因避神宗讳，由钧州改称禹州，属开封府。清初沿袭明制，属开封府。民国时期改称禹县，1913年划归开封道管辖，1932年划归河南省第一行政督察区。1988年，国务院批准禹县改为禹州市。

［近代］王震《菊花人物图》

②附会：勉强地把两件没有关系或关系很远的事物硬拉在一起。

③名色：名目，名称，此处指名称与特色。

④博物：通晓众物。

[译文]

  我听说有一种麝香菊，黄花千叶，凭借其香气而得名；有一种锦菊，粉红碎花，凭借其颜色而得名；有一种孩儿菊，粉红青萼，凭借其形态而得名；有一种金丝菊，紫花黄心，凭借其花蕊而得名。我曾经访问过爱好菊花的人，找寻于种植菊花的园地，都没能见到，而且有些人声称孩儿菊与桃花菊是同一品种，又有人说是种花的人修剪或掐尖才长成这样。至于锦菊和金丝菊，又有人说它是某种不属于菊花的植物之别名。像那麝香菊，又产自阳翟，洛阳人实际并未见到。既然已经记录下这些品种，而且大致确定了它们的品级高低，又因为一些传闻的附会而打乱它们的先后次序，这并非我编纂菊花谱的本意，因此特地评论一下它们的名称与特色，一一排列在众多菊花品种的后面，等待那些通晓众物的君子来验证它们是否谬误吧。

补 意[1]

  余尝怪古人之于菊，虽赋咏嗟叹尝见于文词①，而未尝说其花瑰异如吾谱中所记者，疑古之品未若今日之富也。今遂有三十五种。又尝闻于莳花者云②："花之形色变易，如牡丹之类，岁取其变者以为新。"今此菊亦疑所变也。余之所谱，虽自谓甚富，然搜访所有未至，与花之变易后出，则有待于好事者焉。君子之于文，亦阙其不知者③，斯可矣。若夫掇撷治疗之方[2]④，栽培灌种之宜，宜观于方册而问于老圃⑤，不待予言也[3]。

[校勘]

  [1]此条他本内容均同，唯百菊集谱本删节过半，文曰："余疑古之菊品未若今日之富也。尝闻于莳花者云：'花之形色变易，如牡丹之类，岁取

其变者以为新。'今此菊亦疑所变也。"

[2]掇撷：《四库全书总目》卷一百一十五《刘氏菊谱提要》作"掇接"。

[3]予言：《四库全书总目》卷一百一十五《刘氏菊谱提要》作"余言"。

[注释]

①嗟（jiē）叹：吟叹，叹息。文词：本指文章词句，此处泛指文章。

②莳（shì）：栽种。

③"君子之于文"二句：语出《论语·子路篇》："子曰：君子于其所不知，盖阙如也。"后人常用"阙如"来形容治学时存疑不言或空缺不书的客观审慎的态度。

④掇撷（duō xié）：摘取。

⑤方册：简牍，典籍。老圃（pǔ）：指有经验的花农。

[译文]

我曾经奇怪古人对待菊花的态度，虽然关于菊花的赋咏吟叹文章屡见不鲜，但却没见到像我的菊谱那样关于菊花瑰丽奇异的种种描述，大概古代的菊花品种不像现在的这样丰富吧。如今花谱中已经有三十五种了。我又听栽种花木的花农说过："花木的形态、色彩变化很容易，比如说牡丹之类，就是每年把那些有所变化的花朵当作新的品种。"我怀疑如今的菊花也是经过变异的品种啊。我所记录的菊花谱，虽然自认为内容很丰富，但是仍然希望以后有更多爱好菊花的人们，能够尽力访求我所未能走到的地方，搜集那些后出的变异品种。那些品德高尚的君子遇到不认识的文字，一般都会存疑不言，付之阙如，这样做也就可以了。至于那些摘取花朵、治疗病虫害的方法，栽培、灌溉、种植花木的适宜时令，应该去查阅相关的文献典籍，同时向有经验的花农请教，自然不用我再多言了。

拾　遗

黄、碧单叶两种，生于山野篱落之间，宜若无足取者。然谱中诸菊，多以香色态度为人爱好[1]，剪锄移徙，或至伤生。而是花与之均赋一性，同受一色，俱有此名，而能远近山野保其自然，固亦无羡于诸菊也。余嘉其大意而收之，又不敢杂置诸菊之中，故特列之于后云。

[校勘]

[1]爱好：涵芬楼说郛本作"所好"。

[译文]

　　黄色和碧色的两种单叶菊花，生长于山野深处或篱落之间，好像没有值得收录在谱内的理由。然而谱中收录的各种菊花，大多因为其香气、色彩、姿态等方面而受到人们的喜欢与爱好，如果把它们剪断、锄掉或移植，很有可能会损伤或死掉。可是这两种野花跟那些菊花一样，都被赋予同样的习性，拥有同样的色彩，都被称作菊花，而且能够在远远近近的山野之中保持着自然习性，本来也就不必羡慕那些人工栽种的菊花（能得到人们的喜爱）。我很赞赏这两种菊花不爱喧嚣的恬淡情怀，把它们收录在自己的菊谱中，又不敢将它们杂置在前述的菊花品种之中，因此特意将它们列在菊谱的后面稍作说明。

附　录
刘氏菊谱提要

　　《刘氏菊谱》一卷（浙江鲍士恭家藏本），宋刘蒙撰。蒙，彭城人，仕履未详。自序中载"崇宁甲申为龙门之游，访刘元孙所居，相与订论，为此谱"，盖徽宗时人。故王得臣《麈史》中已引其说。焦竑《国史·经籍志》列于《范村菊谱》后者，误也。其书首谱叙，次说疑，次定品，次列菊名三十五条，各叙其种类、形色而评次之，以龙脑为第一，而以杂记三篇终焉。书中所论诸菊名品，各详所出之地，自汴梁以及西京、陈州、邓州、雍州、相州、滑州、鄜州、阳翟诸处，大抵皆中州物产，而萃聚于洛阳园圃中者，与后来史正志、范成大等南渡之后拘于疆域、偏志一隅者不同。然如金铃、金钱、酴醾诸名，史、范二志亦载，意者本出河北，而传其种于江左者欤。其《补意》篇中谓"掇接治疗之方，栽培灌种之宜，宜观于方册而问于老圃，不待余言也"，故唯以品花为主，而他皆不及也。

　　　　　　——《四库全书总目》卷一百一十五《子部·谱录类》

史氏菊谱

[宋] 史正志 撰

提　要

《史氏菊谱》1卷，南宋史正志撰。

史正志，字志道，号乐闲居士、柳溪钓翁、吴门老圃，原籍江都（今江苏扬州），后寓居丹阳（今属江苏），晚居姑苏。据《建炎以来系年要录》卷一百八十九、一百九十九载，史正志是高宗绍兴二十一年（1151）进士，历官歙县尉、枢密院编修、司农寺丞。孝宗隆兴元年（1163），为江西路转运判官，寻改福建，再除江西。秩满，召除左司兼检正，兼权吏、刑、兵部侍郎。乾道三年（1167），知建康府。六年，徙知成都，寻以户部侍郎兼江浙诸路都大发运使。七年，责贬楚州团练副使，永州安置。淳熙中，历知宁国府、赣州府、庐州府，年六十卒于任所。著有《清晖阁诗》（明《嘉靖惟扬志》卷十九载）、《建康志》10卷，均佚。《嘉定镇江志》卷十九有传。

《史氏菊谱》乃史氏幸存之书，是他居平江府时所著。宋陈振孙《直斋书录解题》是最早著录此书的文献，该书卷十《农家类》著录为"《菊谱》一卷，史正志志道撰，孝庙朝为发运使者也"。据《四库全书总目》卷一百一十五《史氏菊谱》载：史正志"所著有《清晖阁诗》、《建康志》、《菊圃集》诸书，今俱失传。此本载入左圭《百川学海》中，《宋史·艺文志》亦著于录"。所列黄菊、白菊、杂色红紫等凡27种，前有自序称"菊，草属也，以黄为正，所以概称黄花。……余在二水植大白菊百余株，次年尽变为黄花。今以色之黄白及杂色品类可见于吴门者，二十有七种，大小颜色殊异而不同。自昔好事者为牡丹、芍药、海棠、竹笋作谱记者多矣，独菊花未有为之谱者，殆亦菊花之阙文也欤！余姑以所见为之。若夫耳目之未接，品类之未备，更俟博雅君子与我同志者续之。今以所见具列于后"① 云云。可能是当时刘蒙菊谱流传未广，故而史正志才会

---

① ［清］永瑢等：《四库全书总目》卷一百一十五，中华书局1965年版，第991页。

如此说。其序称"苗可以菜，花可以药，囊可以枕，酿可以饮"，"而白菊一二年多有变黄者。余在二水植大白菊百余株，次年尽变为黄花。今以色之黄白及杂色品类可见于吴门者，二十有七种"①，类次成菊谱。其《后序》又云"菊之开也，既黄白深浅之不同，而花有落者，有不落者。盖花瓣结密者不落，盛开之后，浅黄者转白，而白色者渐转红，枯于枝上；花瓣扶疏者多落，盛开之后，渐觉离披，遇风雨撼之，则飘散满地矣"，末尾有"淳熙岁次乙未（1175）闰九月望日，吴门老圃叙"，序跋大体上概括了此书的内容及编撰时间。其序所谓"二水"在建康府（治今江苏南京），因李白诗"二水中分白鹭洲"而得名，史正志乾道五年（1169）十月曾作《二水亭记》。书中所载菊花种类，与范成大菊谱虽同属吴门菊品，却又颇互有异同，即使同一种菊，所述形状亦不一致，或许是各人欣赏角度不同的缘故吧。

《史氏菊谱》，现存版本有《百川学海》丁集本（影刊宋咸淳刻本，简称百川学海本）、《百川学海》癸集本（明弘治本）、《百川学海》壬集本（明重辑本）、上海商务印书馆涵芬楼民国 16 年（1927）据清顺治三年（1646）宛委山堂刻《说郛》排印百卷本（简称涵芬楼说郛本）、文渊阁《四库全书》本两种（一种收入史铸《百菊集谱》卷一，简称百菊集谱本；另一种收入《子部·谱录类三》，简称四库本）、清张廷华《香艳丛书》本（简称香艳丛书本，此本只有菊品若干种，而不录前后序）等。

今以百川学海本为底本，以百菊集谱本、涵芬楼说郛本、四库本、香艳丛书本等为参校本，大致按照点校、注释、译文的次序进行。由于此谱所录各品之色、香、态等皆极其简略，且通俗易懂，故仅就卷首序与后序详加注释、译文，各种菊品中遇有生僻难懂的词语，酌情加以注释，不再译文，特此说明。

---

① 按：黄菊中的大金黄、小金黄、佛头菊、小佛头菊、金墩菊、金铃菊、深色御袍黄、浅色御袍黄、金钱菊、毬子黄、棣棠菊、甘菊、野菊 13 种，白菊中的金盏银台、楼子佛顶、添色喜容、缠枝菊、玉盘菊、单心菊、楼子菊、万铃菊、脑子菊、荼蘼菊等 10 种，杂色红紫菊中的十样菊、桃花菊、芙蓉菊、孩儿菊、夏月佛顶菊等 5 种，计 28 种。史正志自序称 27 种，或误。

［清］陈枚《月曼清游图册·重阳赏菊》

序^[1]

菊，草属也，以黄为正，所以概称黄花^[2]。汉俗，九日饮菊酒以被除不祥①，盖九月律中无射而数九②，俗尚九日而用时之草也。南阳郦县有菊潭③，饮其水者皆寿。《神仙传》有康生服其花而成仙。④菊有黄华⑤，北方用以准节令⑥，大略黄华开时，节候不差。江南地暖，百卉造作无时，而菊独不然。考其理，菊性介烈高洁，不与百卉同其盛衰，必待霜降草木黄落而花始开，岭南冬至始有微霜故也⑦。《本草》："一名日精，一名周盈，一名傅延年。"^[3]⑧所宜贵者，苗可以菜，花可以药，囊可以枕，酿可以饮。所以高人隐士，篱落畦圃之间，不可一日无此花也^[4]。陶渊明植于三径，采于东篱，浥露掇英，泛以忘忧。⑨钟会赋以五美，谓"圆华高悬，准天极也；纯黄不杂，后土色也；早植晚登，君子德也；冒霜吐颖，象劲直也；杯中体轻，神仙食也"^[5]⑩，其为所重如此。然品类有数十种，而白菊一二年多有变黄者^[6]。余在二水植大白菊百余株^[7]⑪，次年尽变为黄花^[8]。今以色之黄白及杂色品类可见于吴门者⑫，二十有七种，大小颜色殊异而不同。自昔好事者为牡丹、芍药、海棠、竹笋作谱记者多矣，独菊花未有为之谱者，殆亦菊花之阙文也欤⑬！余姑以所见为之。若夫耳目之未接^[9]，品类之未备，更俟博雅君子与我同志者续之⑭。今以所见具列于后^[10]。

[校勘]

[1]序："序"为注者所加。各本题目略有差异，百川学海本著录为"《菊谱》，吴门老圃史正志撰"，百菊集谱本著录为"吴门老圃史正志撰谱"，四库全书本著录为"《史氏菊谱》，宋史正志撰"，涵芬楼说郛本著录

为"《史老圃菊谱》一卷，宋史正志撰"，香艳丛书本著录为"《菊谱》，吴门史正志"。又，百菊集谱本题下自注云："愚斋云：公退朝归休，治圃栽菊，作此。"

[2]所以：百菊集谱本作"是以"。

[3]"汉俗……一名傅延年"一段：百菊集谱本删去此段。傅延年：涵芬楼说郛本作"延年"。

[4]"不可一日无此花也"句：百菊集谱本脱"一日"二字。

[5]谓：涵芬楼说郛本作"为"。杯中体轻：百菊集谱本文下自注曰："愚按：欧阳询《艺文类聚》所引作'流中轻体'。"

[6]"而白菊一二年多有变黄者"句：涵芬楼说郛本作"而白菊一二年过多有变黄者"，似衍"过"字。

[7]二水：百菊集谱本作"三水"，当误。百余株：涵芬楼说郛本作"百余枝"。

[8]"次年尽变为黄花"句：百菊集谱本后缀"云云"二字，代替此句后悉数删去的一段文字。

[9]耳目之未接：涵芬楼说郛本作"耳目之所未接"，似衍一"所"字。

[10]今以：涵芬楼说郛本作"今止以"，似衍一"止"字。

[注释]

①祓（fú）除：除灾去邪之祭。《古今图书集成·历象汇编·岁功典》卷七十六引西晋周处《风土记》云："汉俗，九日饮菊花酒，以祓除不祥"，"俗尚此日折茱萸以插头，云避除恶气，而御初寒"。晋葛洪《西京杂记》亦载："菊花舒时，并采茎叶，杂黍米酿之，至来年九月九日始熟，就饮焉，故谓之菊花酒。"陶渊明《九日闲居》诗云："酒能祛百虑，菊解制颓龄。"唐郭元振《子夜四时歌·秋歌二》："辟恶茱萸囊，延年菊花酒。"皆是此意。故九月又称"菊月"。

②律中无射（yì）而数九：古乐十二律中的无射与农历九月相对应，故云。十二律：指古乐的十二调，包括阳律六，即"黄钟、太簇、姑洗、蕤宾、

夷则、亡射（亡，通'无'）"，阴律六，即"大吕、夹钟、仲吕、林钟、南吕、应钟"，共为十二律。《周礼·春官·典同》："凡为乐器，以十有二律为之数度。"无射：本指周景王时所铸钟名，古十二律之一。因位于戌，代指阴历九月。《周礼·春官·大司乐》："乃奏无射，歌夹钟，舞《大武》，以享先祖。"郑玄注："无射，阳声之下也。"《吕氏春秋·季秋》："季秋之月……其音商，律中无射。"《史记·律书》："九月也，律中无射。无射者，阴气盛用事，阳气无余也，故曰无射。其于十二子为戌。戌者，言万物尽灭也，故曰戌。"唐张说《九日陪登高》诗："重阳初启节，无射正飞灰。"

③南阳郦县：古县名，楚郦邑，隋改为菊潭县。见《刘氏菊谱》"邓州黄第十七"条"郦县"注、"邓州白第二十三"条"菊潭"注。

④"《神仙传》"句：参见《刘氏菊谱·谱叙》"康风子"注。康生，即康风子。

⑤菊有黄华：语出《礼记·月令》，原作"鞠有黄华"。参见《刘氏菊谱·说疑》"鞠有黄华"注。

⑥准：作为……的依据。

⑦霜降：二十四节气之一，在阳历10月23日或24日。《礼记·月令·季秋之月》："是月也，霜始降，则百工休。"《孝经援神契》："（寒露）后十五日，斗指戌，为霜降。"《国语·周语中》："火见而清风戒寒。"三国吴韦昭注："谓霜降之后，清风先至，所以戒人为寒备也。"岭南：指五岭以南的地区，即广东、广西一带。冬至：二十四节气之一，在阳历12月22日或23日。《史记·律书》："日冬至则一阴下藏，一阳上舒。"

⑧日精、周盈、傅延年：皆为菊花的别名，或谓为菊根茎的别名。《初学记》卷二十七引晋周处《风土记》："日精、治蔷，皆菊之花茎别名也。"晋葛洪《抱朴子·仙药》："仙方所谓日精、更生、周盈，皆一菊，而根茎花实异名。"《神农本草经》卷一："鞠华，味苦，平。"清孙星衍注："《名医》曰：〔菊华〕，一名日精。"明王志坚《表异录·花果》："《本草》：'菊，一名傅延年。'朱新仲诗：'三径谁从陶靖节，重阳唯有傅延年。'"

⑨"陶渊明植于三径"几句：这几句系化用陶渊明诗句，描述陶渊明归隐乡里种植菊花的盛况。"植于三径"，语出《归去来兮辞》"三径就荒，

松菊犹存";"采于东篱",语出《饮酒》（其五）"结庐在人境，而无车马喧。问君何能尔，心远地自偏。采菊东篱下，悠然见南山。山气日夕佳，飞鸟相与还。此中有真意，欲辩已忘言";"浥露掇英，泛以忘忧"，语出陶渊明《饮酒》（其七）"秋菊有佳色，浥露掇其英。泛此忘忧物，远我遗世情"。三径，西汉末年，王莽专权，兖州刺史蒋诩告病辞官，隐居乡里，于院中开辟三径，唯与求仲、羊仲来往。事见汉赵岐《三辅决录·逃名》。后常用"三径"代指归隐者的家园。东篱：指种菊之处，菊圃。

⑩"钟会赋以五美"句：语出三国魏钟会《菊花赋》。《艺文类聚》卷八十一、《北堂书钞》卷一百五十五、《初学记》卷二十七、《太平御览》卷九百九十六有收录，又见严可均《全上古三代秦汉三国六朝文》卷二十五。钟会（225—264）：字士季，颍川长社（今河南长葛）人。三国时魏将，太傅钟繇少子，钟毓之弟。正始中为秘书郎，历迁尚书中书侍郎、卫将军、黄门侍郎，封东武亭侯，后以讨诸葛诞功迁司隶校尉。魏景元四年（263），与邓艾征蜀有功，官至司徒，进封县侯。不久谋与蜀将姜维据蜀，为部将乱兵所杀。著有《老子注》二卷、《刍荛论》五卷等。事见《三国志·魏志》本传。天极：星名，即北斗星。后土：对大地的尊称。登：谷物成熟。吐颖：指谷物抽穗。劲直：坚实挺直。

⑪二水：本指秦淮河流经南京后，西入长江，被横截其间的白鹭洲分为二支。此处代指苏州一带。

⑫吴门：指苏州或苏州一带。历史上作为苏州的别称之一，曾为春秋吴国故地，故称。宋张先《渔家傲·和程公辟赠别》词："天外吴门清霅路，君家正在吴门住。"

⑬殆：大概，几乎。阙文：原指有疑暂缺的字，后亦指有意存疑而未写出的文句。

⑭耳目：耳朵与眼睛，耳闻目睹。俟：等待。博雅：学识渊博，品行端正。

[译文]

菊花属于草类，以黄色为正，所以统称为黄花。汉代习俗，九月九日要饮用菊花酒来除灾祛邪，大概是因为九月与十二律中的无射相对应，而且刚好排序第九，因此民间习俗崇尚在九日采用时令之草来祭祀。南阳郦县有个菊潭，听说饮用此潭水之人都能够长寿。《神仙传》中记载有康生服菊花而成仙的故事。菊花开黄花，北方地区大多依据菊花开放的时间来推算节令，大略黄花开放时节，季令和气候差别不大。江南地区四季温暖，百花开放不受时令的限制，唯独菊花与众不同。考究其原因，在于菊花品性刚烈高洁，与百花盛衰并不同时，一定要等到霜降时其他花草树木花残叶落之后才独自开放，而岭南更是冬至时节才有薄薄的一层微霜啊。《神农本草经》记载："（菊花）一名日精，一名周盈，一名傅延年。"菊花之所以被众人看重，是因为菊花苗可以做菜，花朵可以入药，花囊可以做枕芯，花酿可以饮用。所以那些高人隐士，虽然隐居于乡野篱笆畦圃之间，却不可一日没有此花相伴。陶渊明归隐乡里，种植菊花于三径，采摘菊花于东篱，不怕衣袜被露水沾湿，身体力行摘取花瓣，纵情饮（菊花泡的）酒来忘记忧愁。三国时钟会《菊花赋》中赞美菊花有"五美"，意思是"花朵圆簇姿态高昂，好像是天上的北斗七星；花色纯黄不见杂质，一如大地母亲的肤色深沉；早晨种植晚上成熟，菊花犹如品德高洁的正人君子；顶着风霜花朵开放，象征着菊花坚实挺直的气骨；几朵菊花泡在杯中，人们饮用后神清气爽，好像神仙一般"，菊花为世人所重视的程度大致如此。然而菊花的品类有数十种，白菊种植一二年后，经常有颜色变黄的。我在二水种植过大白菊一百多株，第二年全部变成黄菊花。现在吴门一带常见的菊花品种有黄色、白色以及杂色几大类，计有二十七种，各个品种的花朵大小颜色迥然不同。自古以来，在爱好赏花的人中为牡丹、芍药、海棠、竹笋作谱记的很多，唯独没有人为菊花作谱，大概是故意将菊花谱付之阙文吧！我姑且将自己亲眼看到的菊花著录下来。至于那些没有耳闻目睹的，或者品类尚不完备的菊花品种，只能等待以后跟我志向相投的博雅君子们继续做这件事情了。现在把平日所见的菊花品种一一列举如下。

黄

大金黄，心密，花瓣大如大钱^①。

小金黄，心微红，花瓣鹅黄，叶翠，大如众花。

佛头菊，无心，中边亦同。

小佛头菊^[1]，同上，微小。又云叠罗黄。

金墩菊，比佛头颇瘦，花心微洼。

金铃菊，心微青红，花瓣鹅黄色，叶小。又云明州黄。

深色御袍黄，心起突，色如深鹅黄。

浅色御袍黄，中深。

金钱菊，心小，花瓣稀。

毬子黄，中边一色，突起如毬子。

棣棠菊，色深黄，如棣棠状，比甘菊差大^[2]。

甘菊，色深黄，比棣棠颇小。

野菊，细瘦，枝柯凋衰^②，多野生，亦有白者。

白

金盏银台，心突起，瓣黄^[3]，四边白。

楼子佛顶，心大突起，似佛顶，四边单叶。

添色喜容，心微突起^[4]，瓣密且大。

缠枝菊，花瓣薄，开过转红色。

玉盘菊，黄心突起，淡白缘边^[5]。

单心菊，细花，心瓣大。

楼子菊，层层状如楼子。

万铃菊，心茸茸突起，花多半开者如铃[6]。

脑子菊，花瓣微绉缩，如脑子状。

荼蘼菊③，心青黄，微起，如鹅黄色浅[7]。

杂色红紫

十样菊，黄白杂样，亦有微紫，花头小。

桃花菊，花瓣全如桃花。秋初先开，色有浅深，深秋亦有白者。

芙蓉菊，状如芙蓉，亦红色。

孩儿菊，紫萼白心，茸茸然，叶上有光，与他菊异。

夏月佛顶菊，五六月开，色微红。

[校勘]

[1]小佛头菊：百菊集谱本、涵芬楼说郛本作"小佛头"。

[2]如棣棠状：涵芬楼说郛本作"如棣棠枝"，香艳丛书本作"如棣棠"，且后面脱"比甘菊差大"一句。

[3]瓣黄：百菊集谱本作"深黄"。

[4]突起：百菊集谱本作"红花"。

[5]淡白缘边：涵芬楼说郛本作"淡白绿边"。

[6]半开者如铃：涵芬楼说郛本作"半开如铃"。

[7]色浅：百菊集谱本作"浅色"。

[注释]

①大钱：面值大的钱币。《国语·周语下》："景王二十一年，将铸大钱。"韦昭注引贾逵云："大钱者，大于旧，其价重也。"《汉书·食货志

下》："王莽居摄……于是更造大钱，径寸二分，重十二铢，文曰大钱五十。"

②枝柯：枝条。

③荼蘪（tú mí）菊：《刘氏菊谱》作"酴醾"，本酒名，以花颜色似之，故取以为花名。据清陈扶摇《花镜》载，"荼蘪花有三种，大朵千瓣，色白而香，每一颖著三叶如品字。青跗红萼，及大放，则纯白。有蜜色者，不及黄蔷薇，枝梗多刺而香。又有红者，俗呼番荼蘪，亦不香"。参见《刘氏菊谱》"酴醾第二十一"条"酴醾"注。

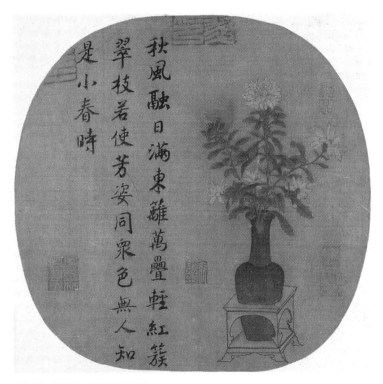

［南宋］姚月华《胆瓶花卉图》

后　序

　　菊之开也，既黄白深浅之不同，而花有落者，有不落者。盖花瓣结密者不落，盛开之后，浅黄者转白，而白色者渐转红，枯于枝上；花瓣扶疏者多落，盛开之后，渐觉离披①，遇风雨撼之，则飘散满地矣。[1]王介甫《武夷诗》云："黄昏风雨打园林，残菊飘零满地金。"②欧阳永叔见之，戏介甫曰："秋花不落春花落，为报诗人子细看。"③介甫闻之，笑曰："欧阳九不学之过也。岂不见《楚辞》云'夕餐秋菊之落英'？"④东坡，欧公门人也，其诗亦有"欲伴骚人赋落英"与夫"却绕东篱嗅落英"，亦用《楚辞》语耳⑤。王彦宾言："古人之言有不必尽循者，如《楚辞》言'秋菊落英'之语。"⑥余谓诗人所以多识草木之名，盖为是也。欧、王二公文章擅一世，而左右佩纫⑦，彼此相笑，岂非于草木之名犹有未尽识之，而不知有落有不落者耶？王彦宾之徒又从而为之赘疣⑧，盖益远矣。若夫可餐者，乃菊之初开，芳馨可爱耳。若夫衰谢而后落，岂复有可餐之味？《楚辞》之过，乃在于此。或云《诗》之《访落》，以"落"训"始"也，意落英之落，盖谓始开之花耳⑨。然则介甫之引证，殆亦未之思欤。或者之说⑩，不为无据，余学为老圃，而颇识草木者，因并书于菊谱之后。淳熙岁次乙未闰九月望日，吴门老圃叙⑪。

[校勘]

　　[1]"花有落者……则飘散满地矣"一段：百菊集谱本仅录此段，前后皆删减。

①扶疏：枝叶繁茂分披的样子。离披：衰残、凋敝的样子。

②王介甫：即王安石（1021—1086），字介甫，号半山，自号临川先生，晚年封荆国公，世称王荆公，抚州临川（今江西抚州临川区）人。庆历二年（1042）登进士第，历任签书淮南东路节度判官公事、鄞县知县、舒州通判、江南东路刑狱等。治平四年（1067）神宗初即位，诏安石知江宁府，旋为翰林学士。熙宁二年（1069）升参知政事，两任同中书门下平章事，推行新法，为旧党所反对。神宗死后，太皇太后高氏临朝听政，司马光入相，尽罢新法。晚年退居江宁（今江苏南京）钟山，闭门不言政。卒谥"文"，故又称王文公。安石博学，于诸经皆有著作，文章诗词主张文学"务为有补于世"。所作险峭奇拔，政论尤简洁有力，后人称为"唐宋八大家"之一。著有《周官新义》、《唐百家诗选》、《临川集》等。《宋史》有传。欧阳修称赞王安石云："翰林风月三千首，吏部文章二百年。老去自怜心尚在，后来谁与子争先。"《武夷诗》：考《王安石全集》收录有《残菊》，诗句原文是"黄昏风雨打园林，残菊飘零满地金。撷得一枝犹好在，可怜公子惜花心"，则菊谱中所云"武夷诗"当为"残菊"之误。

③欧阳永叔：欧阳修（1007—1072），字永叔，自号醉翁、六一居士，吉州吉水（今属江西）人（自称庐陵人）。举天圣八年（1030）进士甲科，官至枢密副使、参知政事。因议新法，与王安石不合，致仕后退居颍川，卒谥文忠。一生博览群书，以文章著名，是北宋著名政治家、文学家、史学家、文坛领袖。他反对宋初西昆派的浮艳文风，主张文学须切合实用。被誉为"唐宋八大家"之一，又与韩愈、柳宗元、苏轼一起并称"千古文章四大家"。撰有《毛诗本义》、《新五代史》、《集古录》等，并与宋祁合修《新唐书》。后人辑有《欧阳文忠公文集》153 卷、附录 5 卷，其中《居士集》为其晚年自编。《宋史》有传，宋苏辙《栾城集·栾城后集》卷二十三有《欧阳文忠公神道碑》。子细：认真，细致，细心。欧阳永叔戏介甫事与明代冯梦龙《警世通言》卷三所载《王安石三难苏学士》内容相似，唯故事中人物稍有不同，前者作欧阳修，后者作苏轼而已。据《警世通言》记载：某日，湖州刺史任满的苏轼回京，去拜会宰相王安石，恰好看到王安石

有一首未完成的《咏菊》诗,云:"西风昨夜过园林,吹落黄花满地金。"因兴至所发,不能自已,举笔依韵续诗二句:"秋花不比春花落,说与诗人仔细听。"后来苏轼被贬为黄州团练副使时,亲眼目睹"菊花棚下,只见满地铺金,枝上全无一朵"的情景,这才明白王安石主张贬他至黄州的苦心,也深刻理解了"满招损,谦受益"的道理。

④欧阳九:指欧阳修。唐宋以降,诗友之间多以家族排行次第(即行第)相称。如李白称李十二,杜甫称杜二,韩愈称韩十八,欧阳修则有"欧阳九"、"欧九"、"九公"、"九丈"等称谓。例如,苏舜钦《苏学士文集》卷二有《和韩三谒欧阳九之作》、《出京后舟中有作寄文韩二兄弟、永叔欧阳九、和叔杜二》等诗作,俞文豹《吹剑外录》称"晏文献所厚唯小宋、欧九",释文莹《湘山野录》卷中记载"师鲁谓人曰:欧九真一日千里也",苏颂《苏魏公文集》卷五有诗《元祐癸酉秋九月,蒙恩补郡维扬,十一月到治。莅事之始,首阅题名前后帅首,莫非一时豪杰,固所钦慕矣。然于其间九公颇有夤缘,感旧思贤,嗟叹不足,因作长韵,题于斋壁以寄所怀耳》,《欧阳文忠公集》附录卷一苏辙《祭文》云:"谨以清酌庶羞之奠,致祭于故观文少师赠太师九丈之灵。"夕餐秋菊之落英:语出屈原《离骚》,原文作"朝饮木兰之坠露兮,夕餐秋菊之落英"。汉刘向编辑《楚辞》,尊称之为《离骚经》;南朝梁刘勰品论《楚辞》以《辩骚》标目,盖举最著名一篇言之。故王安石直言其为《楚辞》中语。

⑤门人:弟子。后汉时公卿多自教授聚徒,亲授业者为弟子,转相传授者为门人或门生。后世门生与弟子无别。欲伴骚人赋落英:语出苏轼《次韵答孙侔》诗,原文作:"十年身不到朝廷,欲伴骚人赋落英。但得低头拜东野,不辞中路候渊明。舣舟苕霅人安在,卜筑江淮计已成。千里论交一言足,与君盖亦不须倾。"却绕东篱嗅落英:语出苏轼《章质夫送酒六壶书至而酒不达戏作小诗问之》,原文作:"白衣送酒舞渊明,急扫风轩洗破觥。岂意青州六从事,化为乌有一先生。空烦左手持新蟹,漫绕东篱嗅落英。南海使君今北海,定分百榼饷春耕。"这两首诗中均有"落英"一词,故云"亦用《楚辞》语耳"。

⑥王彦宾:即王观国,字彦宾,长沙人。北宋政和五年(1115)进士,

尝以左承务郎知汀州宁化县，主管劝农公事、兼兵马监押，后升礼部员外郎，出知邵州。事迹不见于《宋史》。著有《学林》十卷，晁公武、陈振孙两家书目及《宋史·艺文志》俱未著录，但收入《四库全书》、《丛书集成初编》、《湖南丛书》等。据《四库全书总目》卷一百一十八《学林提要》载，该书"专以辨别字体、字义、字音为主，自六经、《史》、《汉》旁及诸书，凡注疏、笺释之家，莫不胪列异同，考求得失，多前人之所未发"，又"引据详洽，辨析精核者十之八九"，"可谓卓然特出矣"。

⑦佩纫：亦作"纫佩"，语出《楚辞·离骚》："纫秋兰以为佩。"意思是捻缀秋兰，佩带在身。后用以比喻对别人的德泽或教益铭感于心，如纫佩在身。多用于书信。

⑧赘疣（zhuì yóu）：本指附生于体外的肉瘤，比喻多余无用的东西。

⑨访落：《诗经·周颂·访落序》曰："《访落》，嗣王谋于庙也。"毛传："访，谋。落，始。"郑玄笺："成王始即政，自以承圣父之业，惧不能遵其道德。故于庙中与群臣谋我始即政之事。"后因以"访落"谓嗣君与群臣谋商国事。训：亦称训故、训诂、诂训、故训，意思是解释古书中的字、词句的意义。

⑩或者：有人，有些人，某人。

⑪淳熙：南宋孝宗赵眘年号（1174—1189）。岁次：也叫年次。古代以岁星纪年，每年岁星（木星）所值的星次与其干支叫岁次。乙未：中国古代采用干支纪年，即以十天干和十二地支循环相配，组成甲子、乙丑、丙寅等六十组，称作"六十花甲子"，用来表示年、月、日、时的次序。此处云"岁次乙未"，指宋孝宗淳熙二年（1175）。望日：月亮圆的那一天，通常指农历每月十五。

[译文]

菊花开放时就有黄色与白色的区别，深色与浅色的不同，而且有些品种花瓣会落，有些品种花瓣不会落。大致说来，那些花瓣聚合紧密的不会凋落，每当花朵盛开之后，逐渐由浅黄色转变成白色，再由白色渐渐转变成红色，最后枯死在枝头上；那些枝叶繁茂花瓣分披的菊花大多会凋落，每当花

［近代］陈师曾《鸡菊图》

朵盛开之后，先是花瓣渐渐衰残凋散，如果遇到风吹雨打，就纷纷飘散满地了。王安石《武夷诗》中写道："黄昏风雨打园林，残菊飘零满地金。"欧阳修看到后，戏谑王安石道："秋花不落春花落，为报诗人子细看。"王安石听闻欧阳修续对的诗句后，笑着说："这是欧阳九学艺不精的过错啊。难道没读过《楚辞》中'夕餐秋菊之落英'这句话吗？"苏东坡是欧阳修的门生，他的诗集中有"欲伴骚人赋落英"与"却绕东篱嗅落英"这类诗句，也是化用了《楚辞》中的话语啊。王彦宾考证说："古人的话也不必全部遵循啊，比如说《楚辞》中讲'秋菊落英'之类的词语。"我听说诗人之所以认识很多花草树木的名称，大概就是因为这些情况吧。欧、王二位先生文章独擅一世，可是身边之人为感谢自己的师长，却彼此相互取笑，难道真是因为对花草树木的名称未能全部认识，因而不知道菊花有落瓣和不落瓣的区别吗？王彦宾之辈又根据他们各自的说法去进行多余的考证，这样一来离真相就越来越远了。像那些能够食用的菊花，本是菊花刚刚绽放之时，自然芳香可爱；而那些衰谢之后凋落的菊花，又怎会有能食用的诱人香味呢？《楚辞》的过错，就在于这些原因吧。有人说，《诗经·访落》篇中的"落"字意思是"始"，照这样推理，"落英"的"落"大概就是指刚开的花朵吧。这样看来王安石的引证，大概也没有经过慎重思考吧。这虽是某些人的说法，却不是毫无依据，我学着做一名有经验的花农，而且也认识很多花草树木，因此一并将这些情况写在菊谱后面。淳熙二年岁在乙未闰九月十五，吴门老圃作叙。

附　录
史氏菊谱提要

　　《史氏菊谱》一卷（浙江鲍士恭家藏本），宋史正志撰。正志字志道，江都人。绍兴二十一年进士，累除司农丞。孝宗朝历守庐扬、建康，官至吏部侍郎。归老姑苏，自号吴门老圃。所著有《清晖阁诗》、《建康志》、《菊圃集》诸书，今俱失传。此本载入左圭《百川学海》中，《宋史·艺文志》亦著于录，所列凡二十七种。前有自序，称"自昔好事者为牡丹、芍药、海棠、竹笋作谱记者多矣，独菊花未有为之谱者。余故以所见为之"云云。然刘蒙《菊谱》先已在前，正志殆偶未见也。末有《后序》一首，辨王安石、欧阳修所争"《楚词》落英事"，谓"菊有落有不落者"，讥二人于"草木之名未能尽识"。其说甚详，是可以息两家之争。至于引《诗·访落》之语，训"落"为"始"，虽亦根据《尔雅》，则反为牵合其文，自生蛇足。上句"木兰之坠露"，"坠"字又作何解乎？英落不可餐，岂露坠尚可饮乎？此所谓以文害词者也。

　　——《四库全书总目》卷一百一十五《子部·谱录类》

范村菊谱

[宋] 范成大　撰

提　要

《范村菊谱》1卷，南宋范成大撰。

范成大（1126—1193），字致能，自号山中居士，又号石湖居士，吴郡（今江苏苏州）人。南宋高宗绍兴二十四年（1154）登进士第，初授户曹，又任监和剂局、处州知府，后假资政殿大学士身份出使金朝，为改变接纳金国诏书礼仪和索取河南"陵寝"地事，不畏强暴，慷慨抗节，终于不辱使命，归宋后写成使金日记《揽辔录》。淳熙时，官至参知政事，因与孝宗意见相左去职。晚年隐居故乡石湖，卒谥文穆。他工于诗文，初从学习江西诗派入手，后来则继承了白居易、王建、张籍等人的现实主义诗歌传统，创作题材广泛，语言清新自然，风格温润委婉，是古代田园诗的集大成者，与尤袤、陆游、杨万里并称南宋"中兴四大家"。生平事迹见《宋史》卷三百八十六《范成大传》，有《石湖居士诗集》、《石湖词》等传于世。其作品在南宋末年及后世影响很大，杨万里《石湖居士诗集序》称赞其诗"大篇决流，短章敛芒；缛而不酿，缩而不僒。清新妩媚，奄有鲍谢；奔逸隽伟，穷追太白。求其支字之陈陈，一唱之呜呜，不可得世"，清初更有"家剑南而户石湖"（"剑南"指南宋著名爱国诗人陆游）的说法，今人钱钟书《宋诗选注》中谓其"也算得中国古代田园诗的集大成"。

宋人所撰关于花卉栽培及品赏的专著中，最多者首推菊花。除了前面的《刘氏菊谱》和《史氏菊谱》外，早于《范村菊谱》的尚有北宋元丰五年（1082）周师厚所撰《洛阳花木记》，该书中也记载了洛阳菊二十六品，因非菊花专谱，故此处不加赘录。《范村菊谱》撰于淳熙丙午年（1186），专述范成大自己栽培的范村菊凡三十六品。《四库全书总目》卷一百一十五《范村菊谱提要》载：范成大撰此书时，"盖其以资政殿学士领宫祠家居时作。自序称所得三十六种，而此本所载凡黄者十六种，白者十五种，杂色四种，实止三十五种，尚阙其一，疑传写有所脱佚也。菊之种类至繁，其形色幻化不一，与芍药、牡丹相类，而变态尤多。故成大自序称'东阳人家菊圃，多至七十种，将益访求他品为后谱也'。今以此谱与史正志谱相核，其异同已十之五六，则菊之不能以谱尽，大概可睹。但各据耳目所及以记一时之名品，正不必以挂漏为嫌矣。至种植之法，《花史》特出芟蕊一条，使一枝之力尽归一蕊，则开花尤大。成大此谱，乃以一干所出数千百朵婆娑团植为贵，几于俗所谓千头菊矣。是又古今赏鉴之不同，各随其时之风尚者也。又案：谢采伯《密斋笔记》称，《菊谱》范石湖略，胡少瀹详。今考胡融谱尚载史铸《百菊集谱》中，其名目亦互有出入，盖各举所知，更无庸以详略分优劣耳"。

《范村菊谱》弥足珍贵的内容，即其序中记载吴中花农已掌握摘心促其分枝繁花的技术。这种艺花之法，为世界上最早的独家记载。其说云："爱者既多，种者日广。吴下老圃，伺春苗尺许时，掇去其颠，数日则歧出两枝，又掇之，每掇益歧。至秋，则一干所出，数百千朵，婆娑团栾，如车盖熏笼矣。人力勤，土又膏沃，花亦为之屡变。"赖其如椽之笔，吴中培育名品菊花之法得以传世。其序又称："见东阳人家菊图，多至七十种。"惜未能详载，可见图文本菊谱早于胡融即已有之。其后序则称虽黄白菊皆可入药，但以白菊"治头风"为佳，此说有一定科学道理。

《范村菊谱》一卷，陈振孙《直斋书录解题》卷十《农家类》著录为"《范村梅菊谱》二卷，范成大至能撰。有园在居第之侧，号范村"，当为《范村梅谱》、《范村菊谱》的合刻本；《范石湖大全集》亦收入，惜此集已佚；谢维新《古今合璧事类备要》卷三十九《别集类》录入此谱序、跋；史铸《百菊集谱》节略收录。现存版本有宋刻《百川学海》丙集本（影刊宋咸淳刻本，简称百川学海本）、《百川学海》癸集本（明弘治本）、《百川学海》壬集本（明重辑本）、文渊阁《四库全书》本三种，上海商务印书馆涵芬楼民国16年（1927）据清顺治三年（1646）宛委山堂刻《说郛》排印百卷本（简称涵芬楼说郛本）、清张廷华《香艳丛书》第十六集（简称香艳丛书本，此本只有菊品若干种，而不录前序、后序）等。

其中《四库全书》所收三种版本情况如下：第一种收入《子部·谱录类三》，见史铸《百菊集谱》卷一，收录此谱序及正文，未录后序，简称百菊集谱本；第二种亦收入《子部·谱录类三》，题作《范村菊谱》，简称四库本；第三种收入《子部·杂家类五》，系《四库全书》据《说郛》影写本，其中卷一百三下原题《菊谱》（刘蒙），卷首序为《刘氏菊谱序》内容，正文则系《范村菊谱》内容，未录后序，简称四库说郛本。

今以百川学海本为底本，以百菊集谱本、四库本、四库说郛本、涵芬楼说郛本、香艳丛书本等为参校本，大致按照点校、注释、译文的次序进行。

序^[1]

　　山林好事者，或以菊比君子。其说以谓岁华晼晚^{[2]①}，草木变衰，乃独烨然秀发^[3]，傲睨风露^②，此幽人逸士之操，虽寂寥荒寒，而味道之腴^{[4]③}，不改其乐者也。神农书以菊为养性上药^[5]，能轻身延年，南阳人饮其潭水^④，皆寿百岁。使夫人者有为于当年，医国庇民^[6]，亦犹是而已。菊于君子之道，诚有臭味哉^{[7]⑤}！

　　《月令》以动、植志气候，如桃、桐辈直云"始华"^{[8]⑥}，而菊独曰"菊有黄华"^[9]，岂以其正色独立，不伍众草^⑦，变词而言之欤？故名胜之士，未有不爱菊者。至陶渊明尤甚爱之，而菊名益重。又其花时，秋暑始退，岁事既登^⑧，天气高明，人情舒闲。骚人饮流^⑨，亦以菊为时花，移槛列斛，辇致觞咏间，谓之重九节物^⑩。此虽非深知菊者^[10]，要亦不可谓不爱菊也。

　　爱者既多，种者日广。吴下老圃，伺春苗尺许时，掇去其颠^⑪，数日则歧出两枝，又掇之，每掇益歧^[11]。至秋，则一干所出，数百千朵^[12]，婆娑团栾^[13]，如车盖熏笼矣^⑫。人力勤，土又膏沃，花亦为之屡变。顷见东阳人家菊图^{[14]⑬}，多至七十种。淳熙丙午^⑭，范村所植，正得三十六种^[15]，悉为谱之。明年，将益访求它品为后谱云^[16]。

[校勘]

　　[1]各本题目略有差异，百川学海本著录为"《菊谱并序》，石湖范成大至能"，百菊集谱本著录为"石湖范成大撰谱并序"，四库本著录为"《范村菊谱》，宋范成大撰"，四库说郛本著录为"《菊谱》，范成大"，涵芬楼说郛本著录为"《石湖菊谱》一卷，宋范成大"，香艳丛书本第八册第十六集

［清］任颐《把酒持螯图》

卷四著录为"《菊谱》，宋范成大"。

[2]以谓：百菊集谱本、涵芬楼说郛本作"以为"，今从百川学海本。婉晚：四库本、涵芬楼说郛本作"婉娩"，今从百川学海本。

[3]烨然：百菊集谱本作"奕然"，四库本作"烂然"，今从百川学海本。

[4]而：四库本、涵芬楼说郛本作"中"，今从百川学海本。

[5]养性：四库本、涵芬楼说郛本作"养生"，今从百川学海本。

[6]当年：四库本、涵芬楼说郛本作"当世"，今从百川学海本。庇民：四库本、涵芬楼说郛本作"惠民"，今从百川学海本。

[7]"诚有臭味哉"句：百菊集谱本此句后有"云云"二字，此段后内容未载录。

[8]辈：四库本、涵芬楼说郛本作"华"，今从百川学海本。

[9]而：四库本、涵芬楼说郛本作"至"，今从百川学海本。

[10]此虽非：四库本、涵芬楼说郛本作"此非"，今从百川学海本。

[11]歧：四库本作"岐"，今从百川学海本。

[12]数百千朵：四库本、涵芬楼说郛本作"数千百朵"，今从百川学

海本。

[13]团栾：四库本、涵芬楼说郛本作"团植"，今从百川学海本。

[14]菊图：涵芬楼说郛本作"菊圃"，今从百川学海本。

[15]正得：四库本、涵芬楼说郛本作"止得"，今从百川学海本。

[16]它品：四库本、涵芬楼说郛本作"他品"，今从百川学海本。

[注释]

①睌（wǎn）晚：本意是太阳偏西，日将暮，此处指时令晚。北周庾信《周祀宗庙歌·皇夏》云："日月不居，岁时睌晚。"

②烨（yè）然：光彩鲜明的样子。傲睨（nì）：傲慢斜视，骄傲。

③味道之腴（yú）：品味某种学说或主张的精髓。典出《文选·班固〈答宾戏〉》："慎修所志，守尔天符，委命供己，味道之腴。"李善注引用项岱的观点，说："腴，道之美者也。"

④神农书：指《神农本草经》的别称。参见《刘氏菊谱·谱叙》"《本草》"注。养性：陶冶心性。潭水：指汉代郦县的菊潭或菊水。参见《刘氏菊谱》"邓州黄第十七"条下"郦县"注、"邓州白第二十三"条下"菊潭"注。

⑤臭味：本意是气味，此处用来比喻同类。《左传·襄公八年》载："季武子曰：'谁敢哉？今譬于草木，寡君在君，君之臭味也。'"杜预注："言同类。"

⑥《月令》：《礼记》中的一篇，是礼家抄合《吕氏春秋》十二月纪之首章而成，所记为农历十二个月的时令、行政及相关事物。志：记载，记录。华：花也。《礼记·月令》载："（仲春之月）始雨水，桃始华，仓庚鸣，鹰化为鸠"，"（季春之月）桐始华"。

⑦伍：同伴的人。引申为与众人杂处之意。

⑧岁事：多指一年的农事。《尚书大传》卷五："穈锄已藏，祈乐已入，岁事已毕，余子皆入学。"登：谷物成熟。

⑨骚人：诗人，文人。饮流：指酒客之辈。

⑩槛（jiàn）：栏杆。斛（hú）：中国古代的量器名称，也是容量单位，

最早以十斗为一斛，南宋末年改为五斗一斛。辇（niǎn）：古代用人拉着走的车，后多指天子或王室乘坐的车。觞（shāng）咏：饮酒赋诗。语本晋王羲之《兰亭集序》："一觞一咏，亦足以畅叙幽情。"觞，欢饮，敬酒。重九：又称重阳，指农历九月初九日。节物：各个季节的风物景色。

⑪伺：观察，侦候。掇（duō）：摘取。颠：头顶，引申为植物的顶端。

⑫婆娑：枝叶纷披的样子。团栾：环绕的样子。车盖：古代车上遮雨蔽日的篷，形状如伞，下面有柄。熏笼：一种覆盖于火炉上供熏香、烘物和取暖用的器物。

⑬东阳：指今浙江东阳。唐置，五代改曰东场县，宋代复称东阳县，明清属浙江金华府。

⑭淳熙丙午：即淳熙十三年（1186）。淳熙（1174—1189），南宋孝宗皇帝赵昚年号。

[译文]

有些喜好山间林木雅趣的人，用菊花来比喻君子。这种说法认为，每年的秋冬时节，当众多花草树木逐渐枯萎衰败时，唯有菊花独自绽放，光彩照人，傲视着风霜雨露，菊花这种精神一如那些隐居山野的文人雅士所拥有的高洁情操，即使身处孤寂寥落、荒凉寒冷的境地，可是仍能执着地追求自己的志趣与理想，不以外物的影响而改变自由快乐的心性。《神农本草经》认为菊花是陶冶心性的上等药材，能够使人身轻体健，延年益寿，南阳当地的居民由于常年引用菊潭里的水，大都能够长寿百岁。如果让那些仁人志士在自己生活的年代里能够有所作为，无论治理国家还是庇护百姓，也不过如此吧。菊花的高洁品格和君子之道相比，真可谓志趣相投啊。

《礼记·月令》根据动植物的生长变化来记录气候的变化，比如桃花、桐花之类（一般不详细描述花的形状和颜色），直接说"开始开花"，而唯独将菊花描绘成"菊花开黄花"，大概是因为菊花颜色纯正，超凡脱俗，不与其他花草杂处相生，所以才会变换词语来表述它吧！因此，那些有名望的才俊之士，没有不喜爱菊花的。东晋陶渊明尤其喜爱菊花，而菊花的名声也因此更加为人所推崇。又适逢菊花开花时节，秋季的炎热气候刚刚开始消退，农作物已经成熟，天高气爽，人们心情舒畅闲适。那些诗友酒客也都认为菊花是应时开放的花卉，于是纷纷移开栏杆，置备美食，舟车出行，饮酒赋诗，称菊花是重阳节的时令佳品。这些人即便称不上是深度了解菊花的品性，大概也不能说他们不喜爱菊花吧！

　　喜爱菊花的人多了，菊花的种植也渐渐多了起来。吴地世代以种植园圃为业的人家，等到春天菊花的幼苗长到一尺多高时，就摘去它顶端的幼芽，过了几天菊苗就会分出两条侧枝，再次摘去其顶端的幼芽，如此反复多次，每次摘取顶端幼芽过后都会有更多新的侧枝分出。（这样一来）到了秋天，从同一株菊花主干上分蘖出来的侧枝上，能开出数百千朵菊花，它们枝叶纷披，花团锦簇，如同车盖和熏笼一样呈伞状开放。花匠勤劳耕耘，土地又非常肥沃，菊花也因此不断出现新的品种。不久以前我见到过东阳一户人家收藏的菊花图，里面收录的菊花多达七十个品种。淳熙丙午年，范村所种植的菊花，正好是三十六种，全部把它们记录下来。明年，我将要多寻访一些其他菊花品种，留待以后作菊谱续吧。

［近代］黄山寿《菊石延年图轴》

黄　花

胜金黄。一名大金黄。菊以黄为正，此品最为丰缛而加轻盈[1]①。花叶微尖，但条梗纤弱，难得团簇作大本②，须留意扶植乃成。

叠金黄。一名明州黄，又名小金黄。花心极小，叠叶秾密，状如笑靥[2]③。花有富贵气，开早[3]。

棣棠菊。一名金馇子[4]。花纤秾，酷似棣棠④。色深如赤金，它花色皆不及[5]，盖奇品也。窠株不甚高⑤。金陵最多⑥。

叠罗黄。状如小金黄。花叶尖瘦，如剪罗縠⑦，三两花自作一高枝出丛上，意度潇洒。

麝香黄。花心丰腴，傍短叶密承之，格极高胜。亦有白者，大略似白佛顶，而胜之远甚[6]。吴中比年始有⑧。

千叶小金钱。[7]略似明州黄，花叶中外叠叠整齐，心甚大。

太真黄。花如小金钱，加鲜明[8]。

单叶小金钱[9]。花心尤大，开最早，重阳前已烂熳。

垂丝菊。花蕊深黄，茎极柔细，随风动摇，如垂丝海棠。

鸳鸯菊。花常相偶，叶深碧。

金铃菊。一名荔枝菊。举体千叶，细瓣簇成小毬，如小荔枝。枝条长茂，可以揽结。江东人喜种之，有结为浮图楼阁高丈余者⑨。余顷北使过栾城，其地多菊，家家以盆盎遮门，悉为鸾凤亭台之状⑩，即此一种。

毬子菊。如金铃而差小，二种相去不远，其大小、名字，出于栽培肥瘠之别。

小金铃。一名夏菊花。如金铃而极小，无大本。夏中开[10]。

藤菊。花密，条柔，以长如藤蔓，可编作屏幛，亦名棚菊。种之坡上，则垂下袅数尺如缨络，尤宜池潭之濒[11]①。

十样菊。一本开花，形模各异，或多叶或单叶，或大或小，或如金铃，往往有六七色，以成数通名之曰十样。衢、严间花黄②，杭之属邑有白者。

甘菊。一名家菊。人家种以供蔬茹③。凡菊叶皆深绿而厚，味极苦，或有毛。唯此叶淡绿柔莹，味微甘，咀嚼香味俱胜。撷以作羹及泛茶④，极有风致。天随子所赋即此种⑤。花差胜野菊，甚美，本不系花[12]。

野菊。旅生田野及水滨，花单叶，极琐细。

[校勘]

[1]加：四库本作"如"，今从百川学海本。

[2]笑靥：四库本、四库说郛本作"笑压"，今从百川学海本。

[3]开早：香艳丛书本作"开最早"，今从百川学海本。

[4]金𩜇（duī）子：四库本、四库说郛本、香艳丛书本作"金锤子"，今从百川学海本。

[5]色深：百菊集谱本作"色艳"，今从百川学海本。它花：四库本、四库说郛本、香艳丛书本作"他花"，今从百川学海本。

[6]而：四库本作"丁"，今从百川学海本。

[7]千叶小金钱：此条各本文字相同，但四库说郛本和香艳丛书本内容之前的小条目著录为"千叶黄"。

[8]加：百菊集谱本作"色"，今从百川学海本。

[9]单叶：四库本、四库说郛本、香艳丛书本作"单花"，今从百川学海本。

[10]夏中开：四库本作"夏中开花"，今从百川学海本。

[11]池潭：四库说郛本、香艳丛书本作"池塘"，今从百川学海本。又，百菊集谱本此条下自注云："愚斋按：《沈氏菊谱》后有《补遗》，云

'吉州太和有菊蔓生，名一丈黄，土人引以为屏'。"

[12]甚美，本不系花：四库本作"甚本不系花"，四库说郛本作"其本不繁花"，香艳丛书本脱此六字，今从百川学海本。

[注释]

①丰缛（rù）：形容草木丰盛繁茂。

②本：草的茎，树的干。此处指菊花的枝干。

③笑靥（yè）：微笑时颊部露出来的酒窝儿。

④纤秾（xiān nóng）：纤细和丰腴。棣棠：蔷薇科观赏植物。参见《刘氏菊谱》"棣棠第十"条下注①。

⑤窠（kē）：古同"棵"。

⑥金陵：古地名。战国时期楚威王置金陵邑。秦曰秣陵。三国吴自京口徙都于此，曰建业。晋建兴初改为建康。南朝宋齐梁陈皆都于此。五代梁置金陵府。南唐都之，为江宁府。宋建炎三年（1129）改为建康府。元代为建康路。明洪武元年（1368）建都于此，曰南京。其地即当今之南京一带。

⑦罗縠（hú）：一种疏细的丝织品。唐玄应《一切经音义》卷十："罗縠，似罗而疏、似纱而密者也。"

⑧吴中：今江苏苏州市郊，春秋时为吴国都，古亦称吴中。比年：近年。

⑨江东：古时指长江下游芜湖、南京以下的南岸地区，也泛指长江下游地区。又，三国时孙权建都于建康，故又称孙吴统治下的全部地区为江东。浮图：也作"浮屠"、"佛图"，梵语音译，对佛或佛教徒的称呼，专指和尚。此处指佛塔。

⑩北使：指南宋乾道六年（1170），范成大奉孝宗皇帝之命出使金国事，目的在于改变接纳金国诏书礼仪和索取河南巩、洛"陵寝"之地。范成大不畏强暴，慷慨陈词，全节而归，并写成使金日记《揽辔录》和72首纪事诗。栾城：县名，属河北省。春秋时为晋栾邑，战国时属赵。汉为开县，属恒山郡。东汉改置栾城县。晋省。唐更名栾氏。五代后唐复故。明属真定府，清属正定府。盆盎（àng）：盆和盎，亦泛指较大的盛器。鸾

（luán）凤：鸾鸟与凤凰。

⑪缨络（yīng luò）：同"璎珞"，用珠玉串成戴在颈项上的饰物，多作颈饰。池潭之濒（bīn）：指深水池边。

⑫成数：整数。衢（qú）：州、府、路名，此处指今浙江衢州。唐武德四年（621）分婺州西境于信安县置，因州西有三衢山而得名。天宝元年（742）为信安郡，乾元元年（758）复名衢州。宋沿置。元为路，明清为府。参见《太平寰宇记》卷九十七《衢州》。严：地名，即严州。唐代称睦州，北宋宣和三年（1121）改名严州，南宋咸淳初升为建德府，元改称建德路，辖今浙江建德、淳安、桐庐三县地。明洪武八年（1375）置严州府，治建德，领建德、淳安、桐庐、遂安、寿昌、分水六县。清代相承。参见《嘉庆一统志》卷三百二《严州府》。

⑬蔬茹：蔬菜。

⑭泛茶：泡茶。古人用于重阳或端午宴饮的酒，多以菖蒲或菊花等浸泡，谓之"泛酒"。唐皎然《九日与陆处士羽饮茶》诗："九日山僧院，东篱菊也黄。俗人多泛酒，谁解助茶香。"唐代以后，往往把干果、蜜饯、菊花等沏在茶里，叫作泡茶。

⑮天随子：唐代诗人陆龟蒙的别号，撰写有《杞菊赋并序》。参见《刘氏菊谱·谱叙》"陆龟蒙"注。

[译文]

胜金黄。又叫大金黄。菊花以黄色为正宗，这个品种的菊花长得既丰盛繁茂，又特别轻柔飘逸。菊花花瓣虽略微有些尖，但是枝条纤细柔弱，很难团团簇拥起来，必须特别留意、悉心培植，才能够成活生长。

叠金黄。又叫明州黄，亦称小金黄。花心非常小，花瓣层叠茂密，形状很像微笑时露出的酒窝。这种菊花呈现出富贵华丽的气息，开得也比较早。

棣棠菊。又叫金馓子。花瓣纤细而丰腴，特别像棣棠花。颜色像赤金色一样深，其他品种菊花的颜色都不能跟它相提并论，真是稀奇的品种啊。这种菊花植株不太高，金陵地区生长的最多。

叠罗黄。形状像小金黄。花瓣又尖又廋，像是剪裁出来的罗縠，有三两朵花伸出花丛之上，在某一株高枝上随风摇曳，那种风度真是说不出的超逸脱俗。

麝香黄。花心丰满肥大，旁边簇拥着密密麻麻的短小花瓣，风度极其清高雅致。这个品种有开白花的，大概跟白色佛顶菊相类似，但美丽程度又远远超过它。吴中地区近年来才刚刚引入这个品种。

千叶小金钱。跟明州黄略有相似。花瓣层层叠叠，内外整整齐齐，错落有致，花心很大。

太真黄。花朵和小金钱菊相类似，而颜色更加漂亮耀眼。

单叶小金钱。花心特别大，开花时间最早，重阳节之前就已经枝叶繁茂、艳丽四射了。

垂丝菊。花蕊呈深黄色，枝干非常柔软纤细，随风摆动摇曳，犹如垂丝海棠一样袅娜动人。

鸳鸯菊。花朵经常成对开放，叶子呈较深的青绿色。

金铃菊。又叫荔枝菊。通体是多层花瓣，且瓣瓣纤细，簇拥成小球状，很像小荔枝。它的枝条修长繁茂，可以采摘系结。江东地区的人们喜欢种植这种菊花，有人将它编织盘结成佛塔楼阁的形状，高达一丈有余。我不久前出使金国时曾经过栾城，当地种植着很多菊花，家家户户瓦、盆等盛器里都栽满了菊花，甚至连门楣都遮盖住了，全部为鸾凤亭台之类的造型，就是这个品种。

毬子菊。花朵像金铃而略微小些。这两个品种差别不大，其大小和名字的差异是由于二者栽培土壤的肥沃或贫瘠程度不同而造成的。

小金铃。又名夏菊花。此品跟金铃菊相似，但花朵很小，没有粗壮的枝干。夏季中期开放。

藤菊。花瓣密密层层，枝条轻柔，因为枝条像藤蔓一样伸展修长，可以编织成屏风之类的遮挡物，故而也叫棚菊。如果把它们种植在斜坡上，就会垂下长达数尺婀娜多姿的枝条，犹如缨络一般低垂柔美，尤其适宜在深水池塘岸边生长。

十样菊。同一枝干开出的花朵，形状模样却各有不同，有的多层花瓣，有的单层花瓣，有的花朵大，有的花朵小，有的像金铃菊，往往同一株上开出六七种颜色的花，因此举其整数通称为"十样"。衢州、严州一带的十样菊是黄色的，而杭州所属地区的十样菊有开白色的。

甘菊。又名家菊。有些地方人家种植甘菊是当作蔬菜来食用的。一般菊花的叶子都呈深绿色，而且叶面肥厚，味道非常苦，有的上面长有绒毛。唯有这个品种的菊花叶子呈淡绿色，表面柔和有光泽，味道稍微有些甘甜，咀嚼起来香气和味道都别有风致。如果采摘一些来做羹和泡茶，别有一番风味和韵致。天随子（陆龟蒙）《杞菊赋并序》中所吟咏的菊花就是这个品种。甘菊的花朵比野菊花稍好一些，味道很不错，枝干短小不长花苞。

野菊。野生在田间山野或水边，花瓣单层，极其细小。

白　花

五月菊。花心极大，每一须皆中空，攒成一匾毬子^①，红白单叶绕承之。每枝只一花，径二寸[1]，叶似同蒿^②。夏中开。近年院体画草虫，喜以此菊写生^③。

金杯玉盘。中心黄，四傍浅白[2]，大叶三数层，花头径三寸，菊之大者不过此。本出江东，比年稍移栽吴下。此与五月菊二品，以其花径寸特大，故列之于前。

喜容。千叶。花初开，微黄，花心极小，花中色深，外微晕淡^④，欣然丰艳有喜色，甚称其名，久则变白。尤耐封殖^⑤，可以引长七八尺至一丈，亦可揽结，白花中高品也。

御衣黄。千叶。花初开，深鹅黄，大略似喜容，而差疏瘦^⑥，久则变白。

万铃菊。中心淡黄馉子，傍白花[3]，叶绕之。花端极尖，香尤清烈。

莲花菊。如小白莲花，多叶而无心，花头疏极，萧散清绝，一枝只一葩^⑦。绿叶，亦甚纤巧。

芙蓉菊。开就者如小木芙蓉，尤秾盛者如楼子芍药，但难培植，多不能繁袃^⑧。

茉莉菊。花叶繁缛，全似茉莉，绿叶亦似之，长大而圆净。

木香菊。多叶，略似御衣黄。初开浅鹅黄，久则淡白[4]。花叶尖薄，盛开则微卷。芳气最烈。一名脑子菊^⑨。

酴醾菊^⑩。细叶稠叠，全似酴醾，比茉莉差小而圆[5]。

艾叶菊。心小，叶单，绿叶，尖长似蓬艾[6]^⑪。

白麝香。似麝香黄，花差小，亦丰腴韵胜。

白荔枝。与金铃同，但花白耳。[7]

银杏菊。淡白，时有微红，花叶尖。绿叶，全似银杏叶。

波斯菊⑫。花头极大，一枝只一蕊，喜倒垂下，久则微卷，如发之鬈。

［校勘］

［1］径：百川学海本、百菊集谱本、四库本作"径"，四库说郛本、香艳丛书本作"茎"，今从百川学海本。

［2］四傍：百川学海本、百菊集谱本、四库本、四库说郛本作"四傍"，香艳丛书本作"四旁"，今从百川学海本。

［3］傍白花：百川学海本、百菊集谱本、四库本、四库说郛本作"傍白花"，香艳丛书本作"旁白花"，今从百川学海本。

［4］淡白：百川学海本、百菊集谱本作"淡白"，四库本、四库说郛本、香艳丛书本作"一白"，今从百川学海本。

［5］圆：百川学海本、百菊集谱本、四库说郛本、香艳丛书本作"圆"，四库本作"黄"，今从百川学海本。

［6］绿叶：百川学海本、百菊集谱本、四库本作"绿叶"，四库说郛本、香艳丛书本作"叶绿"，今从百川学海本。尖长似蓬艾：百川学海本、百菊集谱本、四库本作"尖长似蓬艾"，四库说郛本作"尖长蓬艾"，香艳丛书本作"尖似蓬艾"，今从百川学海本。

［7］"白荔枝"条：百川学海本、百菊集谱本此条介于"白麝香"与"银杏菊"之间，四库本、四库说郛本、香艳丛书本则将此条置于"银杏菊"之后。

［注释］

①攒（cuán）：聚集。

②同蒿：即茼蒿，蔬菜名，一年生或二年生草本植物，嫩茎和叶有特殊香气，可作食用，并有祛痰作用。元王祯《农书》卷八："同蒿者，叶绿而

细，茎稍白，味甘脆。春二月种，可为常食；秋社前十日种，可为秋菜。"
明李时珍《本草纲目》"同蒿"条下："同蒿，八九月下种，冬春采食肥茎。
花、叶微似白蒿，其味辛甘，作蒿气。四月起薹，高二尺余。开深黄色花，
状如单瓣菊花。一花结子近百成球，如地菘及苦荬子，最易繁茂。此菜自古
已有，孙思邈载在《千金方》'菜类'，至宋嘉祐中始补入《本草》，今人
常食者。"

③院体：亦称"院画"或"院体画"，绘画流派之一。元夏文彦《图绘
宝鉴·宋》："张武翼名谅，工道释人物，其迹为画家格范，今世称院体者
是也。"宋代"翰林图画院"中宫廷画家的作品，形式上工整、细致，但往
往缺乏生气。明屠隆《考槃余事·画笺·宋画》："评者谓之院画，不以为
重，以巧太过，而神不足也。"鲁迅《且介亭杂文·论"旧形式的采用"》：
"宋的院画，萎靡柔媚之处当舍，周密不苟之处是可取的。"写生：直接以
实物或风景为对象进行描绘的作画方式。

④晕淡：施粉黛渐次浓淡。

⑤封殖：亦作"封埴"，意为壅土培育。

⑥疏瘦：清瘦。

⑦萧散：闲散舒适。清绝：清雅至极。葩（pā）：花。

⑧小木芙蓉：俗称芙蓉或芙蓉花，又称木莲，或称地芙蓉，以别于荷花
之称芙蓉。落叶灌木或小乔木，叶掌状，秋季开白或淡红色花，结蒴果，有
毛，栽培供观赏，花叶可入药。楼子：此处指层叠状之物。芍药：多年生草
本植物。五月开花，花大而美丽，有紫红、粉红、白等多种颜色，供观赏，
根可入药。繁鄦（wú）：犹繁庑，茂盛，繁盛。鄦，古同"芜"。

⑨脑子菊：《史氏菊谱》"脑子菊"条云："脑子菊，花瓣微绉缩，如脑
子状。"

⑩酴醾（tú mí）：本酒名，以花颜色似之，故取以为花名。参见《刘
氏菊谱》"酴醾第二十一"条"酴醾"注、《史氏菊谱》"杂色红紫"条
"荼蘼菊"注。

⑪蓬艾：蓬蒿与艾草。泛指丛生的杂草。

⑫波斯菊：康熙《御定广群芳谱》中载有两种波斯菊，一种即此本所

记的波斯菊，花色淡黄，多层花瓣；另一种花色发白，多层花瓣。

[译文]

　　五月菊。花心极其硕大，每一根花须都是中空的，聚集成一个扁球，单层花瓣围绕着红白色的花蕊。每一枝上只生长一朵花，直径二寸许，叶子跟同蒿叶很相似。大多在夏季中期开花。近年来院体画画草虫时，喜欢照着这个品种的菊花来写生。

　　金杯玉盘。花心呈黄色，四周是浅白色的多层大花瓣。花冠直径三寸左右，最大的菊花也不过如此。此品原本生长在江东地区，近年来逐渐移植到苏州地区。此菊与五月菊两个品种，都是因为花冠直径特别大，所以才把它们放在花谱前面。

　　喜容。多层花瓣。花刚刚开放的时候，微呈黄色，花心极小，花心颜色比较深，外缘逐渐模糊变淡，花枝茂盛艳丽，好像露出欣喜的神色，跟它的名字非常相称；等到开放一段时间后，就会慢慢变白。此品尤其适合壅土培植，枝条可以长到七八尺乃至一丈左右，也可以牵引盘结，堪称白菊花中的佳品。

　　御衣黄。多层花瓣。花初开时呈深鹅黄色，形状与喜容大致相似，只是比喜容稍微清瘦些，开放一段时间后则会慢慢变白。

　　万铃菊。花心是淡黄色的馅子，旁边环绕着白色的花瓣。花瓣顶端很尖细，花香特别清郁浓烈。

　　莲花菊。像小白莲花，花瓣多层却没有花心，花朵非常疏散，看上去闲散舒适，清雅至极，每一个枝条只开放一朵花。绿色的叶子，也显得很纤细轻巧。

　　芙蓉菊。完全开放的花朵很像小木芙蓉，开得特别繁盛的很像楼子芍药，但很难培植，大多长势不够茂盛。

　　茉莉菊。花瓣繁多茂盛，跟茉莉花极其相像，就连绿色的叶子也很相似，长得又大又圆又洁净。

　　木香菊。多层花瓣，跟御衣黄略微相似。初开时呈浅鹅黄色，时间长了则变成淡白色。花瓣尖细薄透，盛开时则微微卷起来。芳香的气味最为浓烈。又称之为脑子菊。

　　酴醾菊。花瓣细小而稠密，重重叠叠，很像酴醾花，比茉莉花稍小，而形状略圆。

　　艾叶菊。花心小，单层花瓣，绿色的叶子，像蓬蒿和艾草的叶子一样尖利细长。

　　白麝香。花朵形状与麝香黄相似，花头稍微小一些，也是以浓郁醇厚的香味韵致而见称。

　　白荔枝。花朵与金铃菊相同，只不过花色呈白色的罢了。

　　银杏菊。花色淡白，偶尔也有淡红色，花瓣又尖又细。绿色的叶子，简直跟银杏叶一模一样。

　　波斯菊。花冠非常硕大，一根枝干上只开放一朵花，喜欢倒垂而下开放。时间长了，花瓣微微卷曲，好像头发卷曲一样。

[清] 恽寿平《山水花卉八开·菊》

杂　色

佛顶菊。亦名佛头菊。中黄，心极大，四傍白花一层绕之[1]。初秋先开白色，渐沁微红[2]①。

桃花菊。多叶，至四五重[3]②，粉红色，浓淡在桃、杏、红梅之间。未霜即开，最为妍丽，中秋后便可赏。以其质如白之受采，故附白花。

燕脂菊[4]③。类桃花菊，深红浅紫，比燕脂色尤重[5]，比年始有之。此品既出，桃花菊遂无颜色，盖奇品也。姑附白花之后。

紫菊。一名孩儿菊。花如紫茸，丛茁细碎④，微有菊香。或云即泽兰也⑤。以其与菊同时，又常及重九⑥，故附于菊。

[校勘]

[1]四傍：香艳丛书本作"四旁"，今从百川学海本。

[2]渐沁微红：四库说郛本、香艳丛书本脱此四字，今从百川学海本。

[3]"多叶，至四五重"：四库本、四库说郛本、香艳丛书本脱一"叶"字，录作"多至四五重"，今从百川学海本。

[4][5]燕脂：四库本作"臙脂"，四库说郛本、香艳丛书本作"胭脂"，今从百川学海本。

[注释]

①沁（qìn）：渗入，浸润。

②重（chóng）：层。

③燕脂：亦作"臙脂"、"胭脂"，一种用于化妆和国画的红色颜料，亦泛指鲜艳的红色。五代马缟《中华古今注·燕脂》："盖起自纣，以红蓝花汁凝作燕脂。以燕国所生，故曰燕脂。涂之作桃花妆。"此处所谓"红蓝

花"，即古代可用作红色染料的燕支草。晋崔豹《古今注·草木》："燕支，叶似蓟，花似蒲公，出西方。土人以染，名为燕支。中国人谓之红蓝。"

④紫茸：紫色细茸花。茁：植物才生长出来的样子。

⑤泽兰：又名虎兰、龙枣、虎蒲、红梗草、蛇王菊等，菊科，多年生草本植物。叶对生，叶片呈卵圆形或披针状，秋季开白花，常生长于山坡草丛、沼泽水边。因其茎叶含芳香油，可做调香原料。

⑥重九：又称重阳，指农历九月初九日。

[译文]

佛顶菊。又名佛头菊。中间黄色，花心极大，四周环绕着一层白色花瓣。初秋时节先开出白色花朵，渐渐浸润成淡红色。

桃花菊。多层花瓣，可达四五层，颜色呈粉红色，浓淡在桃花、杏花、红梅之间。一般不到霜降就开放了，是菊花品种中最为妍丽的，中秋节之后便可以观赏。因为它的质地好像是白色晕染上彩色，所以附在白菊花类目之下。

燕脂菊。花朵与桃花菊非常类似，呈现为深红色、浅紫色，比燕脂的颜色更加浓重，近几年才开始出现。这个品种一出现，桃花菊就失去了引以为傲的颜色优势，大概称得上花中奇品吧。姑且附在白菊花类目下。

紫菊。又名孩儿菊。花朵像紫色细茸花，花瓣丛生且茂盛细碎，略微有些菊花的香气。有人认为这就是泽兰。因为它与菊同期开放，又常常适逢九月重阳，所以附在菊谱中。

后 序

菊有黄白二种，而以黄为正[1]。洛人于牡丹[2]，独曰花而不名；好事者于菊，亦但曰黄花，皆所以贵珍之，故也谱先黄而次白[3]。陶隐居谓菊有二种①：一种茎紫气芳味甘[4]，叶嫩可食，花微小者为真；其青茎细叶作蒿艾气[5]，味苦花大名苦薏，非真也。今吴下唯甘菊一种可食，花细碎，品不甚高。余味皆苦，白花尤甚，花亦大。隐居论药[6]，既不以此为真，后复云"白菊治风眩"[7]。陈藏器之说亦然②。《灵宝方》及《抱朴子》丹法又悉用白菊[8]，盖与前说相抵牾[9]③。今详此，唯甘菊一种可食[10]，亦入药饵[11]④，余黄白二花，虽不可茹[12]⑤，皆可入药[13]，而治头风则尚白者⑥。此论坚定无疑，并附著于后[14]。

[校勘]

[1]而以黄为正：百川学海本作"而二黄为正"，四库本、涵芬楼说郛本作"而以黄为正"，今从四库本。

[2]洛人于牡丹：四库本作"人于牡丹"，涵芬楼说郛本作"人以牡丹"，今从百川学海本。

[3]贵珍：四库本、涵芬楼说郛本作"珍异"，今从百川学海本。
故也谱先黄而次白：四库本作"故余谱先黄而后白"，涵芬楼说郛本作"故予谱先黄而后白"，今从百川学海本。

[4]气芳：四库本、涵芬楼说郛本作"气香"，今从百川学海本。

[5]其青茎：四库本、涵芬楼说郛本作"菊青茎"，今从百川学海本。

[6]论药：百川学海本、四库本同，涵芬楼说郛本作"论菊"，今从百川学海本。

[7]后复：涵芬楼说郛本作"而其后"，今从百川学海本。

[8]又：百川学海本作"文"，四库本、涵芬楼说郛本作"又"，今从四库本。

[9]抵牾：四库本作"牴牾"，今从百川学海本。

[10]唯：四库本、涵芬楼说郛本作"惟"，今从百川学海本。

[11]亦：涵芬楼说郛本作"瓣"，今从百川学海本。

[12]虽不可茹：四库本作"虽不可饵"，涵芬楼说郛本作"悉不可饵"，今从百川学海本。

[13]皆可入药：四库本、涵芬楼说郛本作"皆入药"，今从百川学海本。

[14]并附著于后：四库本、涵芬楼说郛本作"并著于后"，今从百川学海本。

[注释]

①陶隐居：即南朝齐梁时期的道教思想家、医药学家陶弘景，著有《本草经集注》等。参见《刘氏菊谱·说疑》注②"陶隐居"条。

②陈藏器：即唐开元年间著名医学家，著有《本草拾遗》10卷。参见《刘氏菊谱·定品》注④"陈藏器"条。

③《灵宝方》：道教经名，即《灵宝经》，有古今之别。古之《灵宝经》即《灵宝五符经》，简称《五符经》；今之《灵宝经》即《灵宝无量度人上品妙经》，简称《度人经》。晋葛洪《抱朴子·辨问》称"谈仙道之术"的《正机》、《平衡》、《飞龟授帙》三篇属于《灵宝五符经》。据葛洪《神仙传》载，西汉华子期师从甪里先生学习《仙隐灵宝方》三卷，其篇名与《灵宝五符经》完全相同，则《仙隐灵宝方》或为《灵宝五符经》之别称。灵宝，道家谓长生之法。《抱朴子·辨问》记载，"吴王伐石以治宫室"，"得紫文金简之书"，让使者持之问仲尼，仲尼视之曰："此乃灵宝之方，长生之法。禹之所服，隐在水邦，年齐天地，朝于紫庭者也。"《抱朴子》：晋葛洪所著道家理论著作。葛洪（约281—341），字稚川，自号抱朴子，因以名其书。此书分两篇：《内篇》20卷，主要论神仙、炼丹、符箓等事，为道家言；《外篇》50卷，主要论时政得失、人事臧否。《内篇》是研

究我国晋代以前道教史及思想史的宝贵材料，其中有关炼丹的内容，对于研究我国古代化学、药物学也有一定的参考价值。抵牾（dǐ wǔ）：亦作"牴牾"，抵触，矛盾。

④药饵（ěr）：药物。晋葛洪《抱朴子·微旨》："知草木之方者，则曰唯药饵可以无穷矣。"

⑤茹：吃。

⑥头风：头痛。中医学病症名。

[译文]

菊花有黄色和白色两种，而以黄色为正统。洛阳人对于牡丹，只称呼它为花而不称其全名；爱好赏菊的人对于菊花，也只是称呼它为黄花，都是因为非常珍视它们的缘故啊，因此我在菊谱中首先记录黄菊花，其次记录白菊花。陶弘景称菊花有两种：一种菊花茎部紫色，气息芬芳，味道甘甜，叶子鲜嫩可以食用，花朵稍微小些的是真菊花；那种青色的茎干，细小的叶片，散发出浓浓的蒿艾气味，味道苦涩，花朵较大，名叫苦薏的植物，不是真正的菊花。如今苏州地区只有甘菊一个品种能够食用，其花朵细碎，品质并不太高。其他品种的菊花味道都有点苦涩，白色的菊花尤其明显，花朵也更大。陶弘景在谈论菊花的药用价值时，已经不把白菊花作为真正的菊花看待，但后来又说"白菊花可以治疗风眩"。陈藏器《本草拾遗》中的说法与此相似。至于《灵宝方》和《抱朴子》中记载的炼丹之法又都采用白菊花，却又和前面的说法相互矛盾。现在通过仔细辨析种种说法，可以得出这样的结论：只有甘菊这个品种的菊花可以食用，也能够当作药饵；其余黄、白二色的菊花品种，虽然不能当蔬菜食用，都可以入药，而治疗头痛风眩病则最好使用白菊花。这一论断是（经过仔细验证之后得出的）坚定无疑的结论，因此一并附录在菊谱后面。

附　录
范村菊谱提要

　　《范村菊谱》一卷（浙江鲍士恭家藏本），宋范成大撰。记所居范村之菊，成于淳熙丙午。盖其以资政殿学士领宫祠家居时作。自序称所得三十六种，而此本所载凡黄者十六种，白者十五种，杂色四种，实止三十五种，尚阙其一，疑传写有所脱佚也。菊之种类至繁，其形色幻化不一，与芍药、牡丹相类，而变态尤多。故成大自序称"东阳人家菊圃，多至七十种，将益访求他品为后谱也"。今以此谱与史正志谱相核，其异同已十之五六，则菊之不能以谱尽，大概可睹。但各据耳目所及以记一时之名品，正不必以挂漏为嫌矣。至种植之法，《花史》特出芟蕊一条，使一枝之力尽归一蕊，则开花尤大。成大此谱，乃以一干所出数千百朵婆娑团植为贵，几于俗所谓千头菊矣。是又古今赏鉴之不同，各随其时之风尚者也。又案：谢采伯《密斋笔记》称，《菊谱》范石湖略，胡少瀹详。今考胡融谱尚载史铸《百菊集谱》中，其名目亦互有出入，盖各举所知，更无庸以详略分优劣耳。

　　　　——《四库全书总目》卷一百一十五《子部·谱录类》

高氏菊谱

[明] 高　濂　撰

提　要

《高氏菊谱》1卷，明代高濂撰。

高濂，字深甫，号瑞南，钱塘（今浙江杭州）人。《四库全书总目》卷一百八十《雅尚斋诗草二集提要》则称高濂为"仁和人"，仁和为余杭地区所辖小镇名。明代著名戏曲作家，能诗文，兼通医理，更擅养生。所作有传奇《玉簪记》、《节孝记》，诗文集《雅尚斋诗草》、《芳芷楼词》，《牡丹花谱》、《兰谱》等传世。而其养生著作《遵生八笺》，堪称中国古代养生学的集大成之作。

相传高濂年幼时身体虚弱，深患眼疾等病，多方搜寻奇药秘方，终得以康复，故而博览群书，记录在案，编辑成《遵生八笺》19卷，并于万历十九年（1591）刊刻。全书分为《清修妙论笺》、《四时调摄笺》、《延年却病笺》、《起居安乐笺》、《饮馔服食笺》、《燕闲清赏笺》、《灵秘丹药笺》、《尘外遐举笺》等八笺。这是一部内容广博的养生专著，也是我国古代养生学的主要文献之一。高濂菊谱收入《遵生八笺》卷十六《燕闲清赏笺》下卷《百花谱》，现存于文渊阁《四库全书》（简称四库本）。清陆廷灿编纂《艺菊志》时，辑录有高濂菊谱中的11个品种，分别是太师红、绿芙蓉、琼芍药、金凤仙、吕公袍、观音面、玉堂仙、倚阑碧、五月翠菊（原书自注：又有五月白）、七月菊、玉指甲等，但无更多内容。因无其他版本可参校，故主要对四库全书本加以标点、注释、译文，间或加以校勘。

序^[1]

　　高子曰：菊谱，海内传有数种^①，其种植相去不过一二，诀法不同，其名花何彼此之不侔也^②？在杭之种菊者，有以花之旧名好奇更易，唯紫白牡丹、金银芍药四名不变耳。若蜜芍药又云蜜鹤翎，若宝相、褒姒、西施互相指是^③，似可笑耳。今以古本旧谱摘其要略，以备采择，名则不能随人鼓舌^④，争执是否，姑存其旧，以俟赏识。若余所著《三径怡闲录》中，其说似无遗漏，惜乎刻者所传不广，亦无缮本^⑤，为可惜耳。

[校勘]

　　[1] 序：四库本原著录题目为"菊花谱"，此处"序"字为注者所加。

[注释]

　　①海内：全国。古人认为我国疆土四面为海所环抱，故而称国境以内为海内。

　　②侔（móu）：相等，相同。

　　③宝相：花名，蔷薇花的一种。褒姒、西施：均为古代倾城倾国的美女，此处分别代指一种菊花品种。

　　④鼓舌：掉弄口舌，多指用花言巧语蛊惑别人。

　　⑤缮（shàn）本：誊写的本子。此处当指经过严格校勘、无文字讹误的善本书。宋叶梦得《石林燕语》云："唐以前，凡书籍皆写本，未有模印之法，人以藏书为贵。书不多有，而藏者精于校勘，故往往皆有善本。"缮，抄写。

高子说：全国相传的菊花谱有很多
种，尽管菊花种植的环境差别不大，种
植的口诀方法有所不同，可是为什么众
多菊花品种的命名方式如此大相径庭
呢？杭州有些种菊人，认为菊花过去的
名字既好听又稀奇少见，因而经常更改
花名，只有紫牡丹、白牡丹、金芍药、
银芍药之名称没有变化。比如说把蜜芍
药又叫作蜜鹤翎，像宝相、褒姒、西施
之类的名字用来相互指称，真是太可笑
了。现在根据以前的花谱版本，摘录其
中的重要观点，为重新编辑排列花谱作
参考，而花名则不能由着人们随口乱
编。至于这样做是否存在争议，姑且保
存旧本的原貌，看看能否得到后来人的
赏识。像我所写的《三径怡闲录》一
书中的内容，虽然说法看上去没有什么
遗漏，可惜此书刻印的数量不多，传播
的范围也不广，也没有经过精心校勘的
本子，非常可惜啊。

［明］陆递《菊花图》（设色立轴）

分苗法

凡菊开后，宜置向阳，遮护冰雪，以养其元。至谷雨时^①，将根掘起剖碎，拣壮嫩有根者单种。有秃白者亦可种活，但要去其根上浮起白翳一层^②，以干润土种筑实，不可雨中分种，令湿泥着根，则花不茂。分早不宜，一云正月后即可分矣。

[注释]

①谷雨：二十四节气之一，在公历 4 月 20 日前后。谷雨前后，我国大部分地区降雨量比以前增加，有利于作物生长。《逸周书·周月》："春三月中气：雨水、春分、谷雨。"

②白翳（yì）：眼角膜上所生障碍视线的白斑。此处代指菊花根上的一层白色遮蔽物。

[译文]

菊花开放后，适宜朝阳放置，悉心遮盖护理，避免冰雪冻害，从而达到滋养菊花本元的目的。到了谷雨前后，把菊根掘出劈开，挑选其中又壮又嫩又有根的单独种植。那些表面无根须且长有白色细毛的菊根也能够种活，但要去掉紧贴在其根上的那层白色遮蔽物，用干润适中的泥土栽种并填实。（菊花）不能在雨水中分种，如果让菊根浸泡在雨泥中，那么花朵就不会开得茂盛。分种不宜太早，还有一种说法是正月之后就可分种了。

和土法

土宜畦高以远水患^①，宽沟以便水流，取黑泥，去瓦砾，用鸡鹅粪和土，在地铺五七寸厚，插苗上盆，则去旧土，易以新土。每年须换一番，则根株长大，花朵丰厚，否则必瘦削矣。

[注释]

①畦（qí）：田园中分成的小区。

[译文]

种植菊花适宜用泥土把畦堆高，以便远离水患；畦与畦之间挖成较宽的水沟，便于浇地时流水。挖取肥沃的黑泥土，拣出瓦砾，混合以鸡粪和鹅粪，在地上铺成五至七寸厚，把花苗插种在盆里，并倒掉旧泥土，换成新泥土。每年必须换一次盆，这样根株就能长得粗大，花朵多而茂盛，否则就会花朵瘦弱不堪。

浇灌法

种后早晚用河水、天落水浇活苗，头起暂止。待长五七寸，用粪汁浇一次，再用焊鸡、鹅毛汤带毛用）矼收贮①，待其作秽不臭后取浇灌，则花盛而上下叶俱不脱。夏月日未出时②，每早宜浇根洒叶；每雨后三二日，即以浓粪浇一次；花至豆大，联浇粪水二次；花放时一次，则花大而丰厚耐久。

[注释]

①焊（xún）：方言，用开水烫后去毛。矼（gāng）：本意是石桥。此处当为"缸"之误，瓦器，似罂的长颈瓶，受十升。收贮（zhù）：收藏。

②夏月：夏天。

[译文]

栽种下菊花根之后，早晚要用河水或雨水浇灌，使根苗渐渐成活，到根苗长出头后要暂缓浇水。等到根苗长到约五至七寸长时，可用粪水浇一次，再把烫鸡毛或鹅毛的水连同羽毛一起用水缸贮存起来，等到水发酵没有臭味后，用来浇灌花根，这样菊花不仅开得茂盛，而且菊花上下的叶子都不会脱落。夏天太阳没出来之前，每天早晨都要浇灌花根，喷洒花叶；每次雨后三两天，都要用浓粪浇一次；花朵开至黄豆大小时，要连续浇灌粪水两次；花朵完全开放的时候，再浇灌一次，这样花朵就会硕大而丰满肥厚，并且开放能持续很久不凋谢。

摘苗法

四五月间，每雨后菊长乱苗，每株即摘去正头，使分枝而上。若枝本瘦者，止摘一次。七八月，茂者再摘一次。每枝下小枝，俱用摘去。

[译文]

每年四五月间，通常下雨后菊花枝条上会长出乱苗，每株菊花枝都要掐去正头，使分枝往上长。如果花枝本来就很瘦小，只需要掐头一次。七八月份，菊花长得茂盛时要再掐一次头。每根枝条下面的小枝，全部要摘掉。

删蕊法

八月初时，菊蕊以生如小豆大，每头必有四五，须耐心用指甲剔去旁生，留中一蕊，更看枝下傍出蕊枝，悉令删去，则花大如剔伤中蕊，则不长矣。

[译文]

八月初的时候，因为菊花花蕊长得犹如小豆粒那样大了，每个枝头上都像长有四五颗小脑袋，必须耐心地用指甲剔去旁边的花蕊，留下最中间那一簇花蕊。如果将枝条下旁生出的蕊枝全部都删去，那么花朵就会像特意挑选出来的那样硕大喜人；而如果删去蕊枝时伤到了最中间那簇花蕊，这个花朵就不会再生长了。

捕虫法

初种活时，有细虫穿叶，微见白路萦回①，可用指甲刺死。又有黑小地蚕啮根②，早晚宜看。四月麻雀作窠，啄枝衔叶，宜防。又防节眼内生蛀虫，用细铁线透眼杀虫。五月间有虫名菊牛，有钳，状若萤火，雨过后菊头忽折，可于三四寸上寻看，去其折枝，不然和根薨矣③。又于六七月后生青虫，难见，须在叶下，见有虫粪如蚕沙④，即当去之。又有钻节蟊虫⑤，去之，泥涂其节。

[注释]

①萦回：盘旋往复，此处指虫子爬过的痕迹。

②地蚕：方言，又名地老虎，是一种夜蛾的幼虫，形状如蚕，灰褐色，生活在土壤中，昼伏夜出，爱吃作物的根和苗。啮（niè）：咬。

③薨（hōng）：古代称诸侯或有爵位的大官死去。此处指菊花枝被虫咬死。

④蚕沙：家蚕屎，黑色的颗粒，可作肥料及供药用。

⑤蟊（máo）虫：吃苗根的害虫。

[译文]

花苗刚种活时，有一种细小的虫子咬穿花叶后，依稀可见叶子上有虫爬过的白色痕迹，可以用指甲刺死小虫。又有一种又黑又小的地蚕常常咬花根，早晨和傍晚更容易看见。四月，麻雀筑巢时节，经常啄枝衔叶，应该多加防备。此外，还要防止枝节眼里生长蛀虫，可以用细铁线穿透节眼来杀虫。五月间，有一种名叫菊牛的虫子，有钳，形状像萤火虫，大雨过后菊花头忽然折断，可以在三四寸的枝条上寻找查看，把折枝丢掉，不然整棵菊花都会连根死掉。六七月份之后，菊花容易长青虫，肉眼很难看

［清］郎世宁《菊花图》

到，必须仔细观察花叶背面，如果见到有像蚕沙一样的虫粪，要立即将青虫除掉。又有一种专门钻入枝节的蠹虫，也要消灭它们，然后用泥巴将枝节涂抹一下。

扶植法

谚云："未种菊，先扦竹。"①菊苗长至三四寸长，即立小细竹一枝于傍，以棕线宽缚令直。否则，风雨欹斜②，花长屈曲。

[注释]

①扦（qiān）：插，插进去。

②欹（qī）斜：歪斜不正。

[译文]

谚语说："未种菊，先扦竹。"菊苗长至三四寸长，就要在它旁边插上一根细小的竹枝，再用棕绳捆缚住花苗，使它能够长得挺直。不然，遇到风吹雨打，花枝就会长得歪斜不正，歪歪扭扭。

［近代］王震《菊花图轴》

雨旸法^①

黄梅溽雨^②，其根易烂。雨过，即用预蓄细泥封培，更生新根，其本益固。夏日最恶，若能覆蔽，秋后叶终青翠。过此二时，方可言花矣。

[注释]

①雨旸（yáng）：语出《尚书·洪范》："曰雨，曰旸。"意思是雨天和晴天。

②黄梅溽（rù）雨：也叫"梅雨"或"霉雨"，指春末夏初产生在江淮流域持续时间较长的阴雨天气。因时值梅子黄熟，亦称黄梅天。这个季节空气长期潮湿，器物容易发霉，故又称霉雨。溽，湿润，闷热。

[译文]

黄梅雨季气候湿热，菊花根容易腐烂。阴雨过后，如果尽快用预先储备的细泥加以封土培植，能够生长出新的花根，而花根也会更加茁壮。夏天太阳最毒的时候，如果能把菊花苗遮蔽起来，秋天花叶定然非常青翠。过了湿热的梅雨天和炎热的夏季两个时段，才能够谈及菊花的花朵啊。

接菊法

接菊以庵藘根①，或小花菊本接着，如接树法，恐亦不佳。

[注释]

①庵藘（ān lǘ）：亦作"庵闾"、"庵闾"、"覆闾"，植物名，即青蒿。《政和新修经史证类备用本草》卷六："庵，草屋也；闾，里门也。此草乃蒿属，老茎可以盖覆庵闾，故以名之。"

[译文]

用青蒿根来嫁接菊花，或者用小花菊的枝条来嫁接，跟嫁接树木的方法一样，恐怕效果也不一定很好。

菊之名品

御袍黄　太师红　绿芙蓉　赤金盘　琼芍药　金芍药　蜜芍药
紫牡丹　白牡丹　黄牡丹　红牡丹　病西施　黄西施　赛西施
醉西施　白西施　醉杨妃　剪霞绡　合蝉菊　赛杨妃　太真红
太真黄　状元红　状元黄　玉宝相　金宝相　鹤顶红　紫玉莲
佛座莲　胜金莲　金佛莲　西番莲　太液莲　锦芙蓉　玉芙蓉
金芙蓉　粉雀舌　密雀舌　紫苏桃　黄叠罗　白叠罗　一捧雪
青心白　莺羽黄　金络索　玉玲珑　紫霞觞　瑞香紫　蘸金盘
相袍红　僧衣褐　火炼金　黄茉莉　白茉莉　黄蔷薇　荔枝红
胜绯桃　胜琼花　琥珀盘　黄鹤翎　紫鹤翎　白鹤翎　玛瑙盘
一捻红　金凤仙　玉蝴蝶　锦云红　白粉团　紫粉团　粉鹤翎
金锁口　银锁口　锦丝桃　粉丝桃　紫绒毬　檀香毬　白绒毬
蜜绒毬　殿秋香　黄绣毬　剪金毬　象牙毬　本红毬　锦绣毬
水晶毬　晚黄毬　十采毬　粉绣毬　大金毬　小金毬　银纽丝
二色杨妃　红万卷　黄万卷　粉万卷　二色西施　锦牡丹
粉褒姒　紫褒姒　出炉金、银（二名）　锦褒姒　白褒姒
红牡丹　蜡瓣西施　缕金妆　蘸金白　洒金红　劈破玉　海云红
锦雀舌　金孔雀　红剪绒　紫剪绒　黄剪绒　白剪绒　无心对有心
邓州白　邓州黄　福州紫　锦心绣口　宾州红　黄都胜　顺胜紫
大小金铃[1]　锦丁香　金纽丝　吕公袍　黄白木香菊　麝香黄
波丝菊　试梅妆　紫袍金带　粉蜡瓣　白蜡瓣　黄罗伞　金盏银台
紫罗伞　红罗伞　玉盘盂　垂丝粉红　桃花菊　芙蓉菊　石榴红
金章紫绶　玉楼春　海棠春　紫罗袍　凤友鸾交　观音面
玉堂仙　头陀白　黄五九菊　玉连环　倚阑娇　金带围

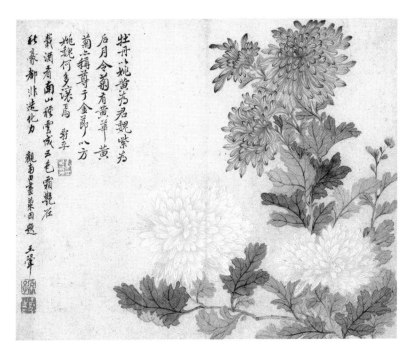

［清］恽寿平《瓯香馆写生册·菊花》

四面镜白菊　玉带围　五月白　缠枝菊　五月翠菊　白佛顶
黄佛顶　九炼金　六月菊（名滴露）　玉指甲　红荔枝　紫荔枝
七月菊（名铁钱）　金荔枝　银荔枝　锦荔枝　白五九菊　紫金铃
红粉团　黄粉团　楼子佛顶　紫粉团　红傅粉　双飞燕　墨菊
胜绯桃　荷花毯　紫万卷　甘菊　蓝菊

［校勘］

　　[1]铃：原作"铃"，当为缺笔避讳之故。

附　录
遵生八笺提要

　　《遵生八笺》十九卷，通行本。明高濂撰。濂字深父，钱塘（今浙江杭州）人。其书分为八目：卷一、卷二曰《清修妙论笺》，皆养身格言，其宗旨多出于二氏；卷三至卷六曰《四时调摄笺》，皆按时修养之诀；卷七、卷八曰《起居安乐笺》，皆宝物、器用可资颐养者；卷九、卷十曰《延年却病笺》，皆服气导引诸术；卷十一至十三曰《饮馔服食笺》，皆食品名目，附以服饵诸物；卷十四至十六曰《燕闲清赏笺》，皆论赏鉴、清玩之事，附以种花卉法；卷十七、十八曰"灵秘丹药笺"，皆经验方药；卷十九曰《尘外遐举笺》，则历代隐逸一百人事迹也。书中所载，专以供闲适消遣之用。标目编类，亦多涉纤仄，不出明季小品积习，遂为陈继儒、李渔等滥觞。又如张即之宋书家，而以为元人；范式官庐江太守，而以为隐逸，其讹误亦复不少。特抄撮既富，亦时有助于检核。其详论古器，汇集单方，亦时有可采，以视剿袭清言，强作雅态者，固较胜焉。

　　——《四库全书总目》卷一百二十三《子部·杂家类七》

黄氏菊谱

〔明〕黄省曾　撰

提　要

《黄氏菊谱》1卷，明代黄省曾撰。

黄省曾（1490—1540），字勉之，号五岳山人，吴县（今江苏苏州）人。少好古文，解通《尔雅》。举嘉靖十年（1531）乡试，名列榜首，后累举不第，遂放弃科举之路。交游极广，先从王守仁、湛若水游，又学诗于李梦阳，以任达跅弛终其身。家有藏书楼"前山书屋"，于书无所不览，详闻奥学，近古无比。《明史》卷二百八十七《文苑传》三载有《黄省曾传》。著述颇丰，内容涉及经学、史学、地理、农学等多方面。《申鉴注》是较为重要的史学著作；《西洋朝贡典录》、《吴风录》是涉及西洋地理与中西交通方面的重要著作；农学著作除了被合称为"农圃四书"的《稻品》（又称《理生玉镜稻品》）1卷、《蚕经》（又称《养蚕经》）1卷、《种鱼经》（又称《养鱼经》、《鱼经》）1卷、《艺菊书》（又称《艺菊谱》）1卷4种书外，还有《芋经》（又称《种芋法》）、《兽经》各1卷；而《拟诗外传》、《骚苑》、《客问》及《五岳山人集》38卷为文学著作。此外，黄省曾还辑佚、校注和刊刻了一批重要的文献著作，如辑录《嵇中散集》10卷，刊刻图书有汉王逸《楚辞章句》17卷、晋郭璞《山海经传》18卷、北魏郦道元《水经注》40卷，另有抄本唐崔龟图《北户录注》3卷、宋薛师石《瓜庐诗》1卷等，为古文献的保存和整理工作做出了相当大的贡献。

黄省曾《艺菊书》所传有三个版本：一是明隆庆年间（1567—1572）王文禄所辑《百陵学山》，是目前所见刊刻最早、最精良的版本。王文禄，字世廉，海盐（今浙江海盐）人，嘉靖辛卯（1531）举人，著有《廉矩》、《文脉》等书。《百陵学山》著录此书题作"《艺菊书》一卷，吴郡五岳山人黄省曾"，分为六部分，即"一之贮土"、"二之留种"、"三之分秧"、"四之登盆"、"五之理缉"、"六之护养"。现存民国27年

（1938）上海商务印书馆元明善本丛书据明隆庆本影印本，简称百陵学山本。二是明万历年间（1573—1619）周履靖所辑《夷门广牍》。《夷门广牍》卷七十八收录《菊谱》2卷，其中下卷题作"吴郡五岳山人黄省曾著，嘉禾梅墟道人周履靖校"，分为贮土、留种（目录作"留土"）、分秧、登盆、理缉、护养、治菊月令（十二月份）等条目，较其他版本多出"治菊月令"部分内容。1995年上海古籍出版社影印出版的《续修四库全书》，收入通行本的《夷门广牍》126卷。此本简称夷门广牍本。三是明天启崇祯年间（1621—1644）冯可宾所辑《广百川学海》。冯可宾，字正卿，益都（今山东青州）人。明天启壬戌（1622）进士，官湖州司理、给事中，入清后隐居不仕。有《广百川学海》、《岕茶笺》等。宋人左圭编有《百川学海》，明人吴永又有《续百川学海》、《再续百川学海》、《三续百川学海》，故冯可宾将其所辑丛书命名为《广百川学海》，以天干标目，分为10集。明代高濂《艺花谱》1卷、黄省曾《艺菊》1卷均收录在内。此本卷首题作"《艺菊》，姑苏黄省曾著，张遂辰阅"，分为六部分，即"一之贮土"、"二之留种"、"三之分秧"、"四之登盆"、"五之理缉"、"六之护养"。现存台北新兴书局有限公司1970年影印明刊本，简称广百川学海本。

今以百陵学山本为底本，以夷门广牍本、广百川学海本为参校本，大致按照校勘、注释、译文的次序进行。

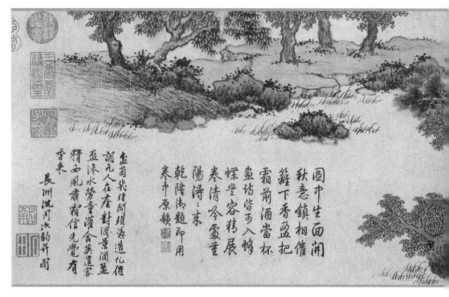

［明］沈周《盆菊幽赏图卷》

一之贮土

凡艺菊，择肥地一方，冬至之后以纯粪溁之①。候冻而干，取其土之浮松者，置之场地之上，再粪之。收水之后，乃收之于室中。春分之后出而晒之②，日数次翻之，去其虫蚁及其草梗。草梗不去，则蒸而腐焉，是生红虫，生土蚕③，生蚯蚓，为菊之害。土净矣[1]，乃善藏之，以待登盆之需。登盆也，俱用此土，又以待加盆之需。菊之登于盆也，或遭三日以上之雨，土实而根露，则以土加而覆之，一则蔽日之曝，不枯其根，一则收雨之泽，不烂其根。

[校勘]

[1]矣：广百川学海本作"失"。

①冬至：二十四节气之一，在公历 12 月 22 日前后。这一天太阳经过冬至点，北半球白天最短，夜间最长。瀼（ráng）：浇灌，长时间浸泡。

②春分：二十四节气之一，在公历 3 月 20 或 21 日。这一天太阳直射赤道，南北半球昼夜长短平分，故称。

③红虫：水蚤，可作鱼的饲料。土蚕：方言，地老虎。

[译文]

凡是种植菊花，都需要选择一块肥沃的土地，每年冬至之后用纯粪浇灌一遍。等到粪汁冻硬晒干之后，铲取上面松动变软的泥土，将其放置在空旷的场地上，再用粪汁浇灌一遍。等到粪土再次晒干后，就将粪土收藏在室内。春分过后，取出粪土来晾晒，每日翻动数次，扔掉那些虫蚁和草梗。如果草梗之类不扔掉，就会随着温度的升高而蒸发腐烂，这样就会长出红虫，长出土蚕，长出蚯蚓，危害菊花的生长。粪土收拾干净了，就要妥善储藏起来，留待将来菊花登盆的时候使用。菊花登盆时，全部要用这种粪土，以后盆内加土的时候还需要使用。菊花登盆的时候，可能会遭遇三天以上的雨水，导致泥土坚实而花根外露，这就要用土来覆盖上，一是可以抵挡太阳的暴晒，不至于使花根干枯，一是可以吸收雨水的润泽，不至于使花根沤烂。

二之留种^[1]

冬初而菊残也，一衰即并英叶^①，而去其上茎，其干留五六寸焉。或附于盆，或出于盆，埋之圃之阳^[2]，松土之内，腊之月必浓粪浇之以数次^②。菊之性而耐于寒，故土粪多则暖而不冰^[3]，可以壮菊本，可以御隆寒^③，可以润泽而不至于枯燥。

[校勘]

[1]留种：百陵学山本、夷门广牍本、广百川学海本正文均同，唯夷门广牍本目录中记作"二之留土"，误，今从百陵学山本。

[2]埋：广百川学海本作"理"。

[3]冰：夷门广牍本作"寒"。

[注释]

①英叶：花叶。

②腊之月：即腊月，农历十二月。

③隆寒：严寒。

[译文]

初冬时节菊花即将凋谢，等菊花稍一衰败就将其花叶收集起来，而且折去菊花茎部上端，将其主干保留到五六寸长。有的直接留在花盆内，有的从花盆内取出，埋到园圃内阳光充足、土地松软的地方，腊月间必须多次用浓粪浇灌它。菊花的本性就是能耐霜寒，因此土粪多了可以保暖而且不会被冰霜冻坏，可以使菊花的枝干更加强壮，可以抵御严寒的侵袭，可以润泽花木而不至于使其干枯。

三之分秧①

春分之后，是分菊秧。根多须而土中之茎黄白色者谓之老，须少而纯白者谓之嫩，老可分，嫩不可分。分之于新锄之松地，不宜太肥，肥则笼菊头而不能长发②。天之阴可分，有日分之，则枯干而难活。种之，其宿土也尽去③，否则恐有虫子之害。既秧于土矣，以越席架而覆之④，毋令经日[1]⑤，经日则难醒。每日晨灌之、晚灌之，天之阴不可伤于水。秧心发芽矣，可去其覆席，先用半粪之水，复用肥水灌之。叶上不可以沾粪，沾之则叶枯。用河之水则纯河之水，用井之水则纯井之水，不可杂焉。

[校勘]

[1]毋：广百川学海本作“母”。

[注释]

①分秧：将稻种播种于秧田中，待成苗后，分而插之，谓之分秧。此处指将菊花根部分开，再重新栽种。

②笼：遮盖，限制……生长。

③宿（sù）土：旧有的土壤。

④越（huó）席：蒲草编成的席子。《礼记・礼运》：“孰其殽，与其越席，疏布以幂，衣其浣帛，醴醆以献，荐其燔炙。”孔颖达疏：“越席，谓蒲席。”

⑤经日：禁受日晒。

⑥纸撚（niǎn）：同“纸捻”。指用坚韧的纸条搓成的细纸绳。

[译文]

　　春分以后，需要给菊花分秧。根部多须而且长在土中的根茎颜色呈黄白色的叫老根，根部须少而且颜色纯白的叫嫩根，老根可以分秧，嫩根不能分秧。将花根分种在刚刚锄过的松软土地上，土地不宜太肥沃，过于肥沃就会影响菊花头部的生长，从而导致菊花生长不旺盛。阴天可以分秧，如果晴天分秧，那么菊花就会枯干而死，难以成活。分秧栽种菊花时，旧有的土壤也要全部换掉，否则恐怕会有虫子危害。分秧入土之后，要用蒲席支起棚架覆盖到菊苗上面，不能让它禁受日晒，因为菊苗被太阳晒过之后就很难再苏醒过来。每天早晨或傍晚勤加灌溉，但如果遇到天阴就不必再浇灌，以免菊苗被淹死。等到菊花秧苗的中心发芽了，可以撤去上面覆盖的蒲席，先用一半粪水浇灌，再用肥沃的水源浇灌。菊花的叶片不能沾上粪水或粪汁，一旦沾上菊花的叶子就会枯萎。再者，如果用河水浇灌就用纯河水，如果用井水浇灌就用纯井水，不能相互掺杂着使用。

四之登盆

立夏之候^①，菊苗成矣，可五六寸许^②，是为上盆之期。将上盆也，数日不可以浇灌，使苗受劳而坚老^③，则在盆可以耐日。其起秧苗也，掘根之土必广而大，少则露根而伤其本。用腊前所瀼之土壅之^④。其灌也，视阴晴而为增损。使土壮而入根，服盆而生叶^⑤，则用肥水灌之；久雨加腊土以浥之^⑥。其种也，根深则不耐水，浅不耐日，随土而稍深。何也？菊之根其生也向上，故常覆土为加。

[注释]

①立夏：二十四节气之一，在公历 5 月 6 日前后。

②可：大约。

③坚老：结实，苗壮。

④壅（yōng）：用土或肥料培在植物的根部。

⑤服盆：适应花盆的环境。

⑥浥（yì）：湿润。

[译文]

立夏时节，菊苗长成了，大约长五六寸，正是给菊花上盆的季节。将要上盆时，数日都不能浇灌，使菊苗长得更加苗壮，这样菊花在盆内可以更耐日晒。起秧苗时，根部周围的泥土一定要挖掘得又宽又深，如果泥土太少，根部就会露出了，从而使菊花的主干受到损伤。这就需要把腊月之前经过处理的粪土培在菊花根部。菊花的浇灌，需要根据天气的阴晴变化来适时增减浇水量。如果泥土肥沃新的花根长出，适应花盆的生长环境而长出新叶，就用肥水浇灌它；如果一直下雨，就要添加一些腊月的粪土，用来湿润中和一下。栽种菊花时，根部太深就禁不起浇水，太浅则禁不起太阳晒，需要根据盆内泥土的深浅而调整。为什么呢？因为菊花的根部是向上生长的，所以需要经常往花盆内添加泥土。

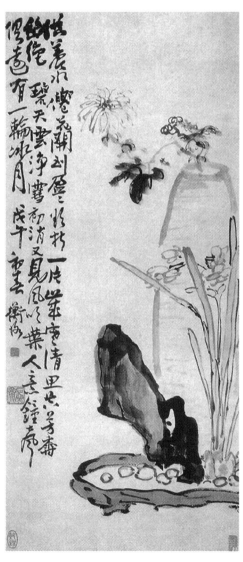

［近代］陈师曾《清供图》

五之理缉^①

菊之尺许矣，是宜理缉。欲长也，则去其旁枝；欲短也，则去其正枝。花之朵视其种之大小而存之^[1]：大者四五蕊焉，次者七八蕊焉，又次十余蕊焉，小者二十余蕊焉。唯甘菊、寒菊独梗而有千花^②，不可去也。

[校勘]

[1]朵：广百川学海本作"孕"。

[注释]

①理缉：整理，修理。

②梗（gěng）：植物的枝或茎。

[译文]

菊花长到一尺左右时，应该进行修理了。如果想让枝条长得长，就要修剪掉菊花的旁枝；如果想让枝条长得短，就要修剪掉菊花的正枝。至于花朵的数量，则要根据菊花品种的大小而相应地保留：花头大的品种保留四五朵花蕊，稍小的品种保留七八朵花蕊，更小的品种保留十多朵花蕊，比较小的品种可以保留二十多朵花蕊呢。唯有甘菊和寒菊这两个品种，只有一根簇拥着众多花蕊的枝条，不用修剪整理。

六之护养

　　菊稍长也，竹而缚之，毋令风之得摇[1]。雨之久也，宜出水盆内亦然[2]。菊傍之蚁多也[3]，则以鳖甲置于傍①，蚁必集焉，移之远所。夏至之前后有虫焉②，黑色而硬壳，其名曰菊虎，晴暖而飞出，不出于巳、午、未之三时③，宜候而除之。菊之为菊虎所伤也，伤之处，仍手微摘之，磨去其牙虫毒，可以免秋后之生虫。如虎之多也，必多裁[4]④，易壮盛之菊于圃之周。菊有香焉，蚁上而粪之，则生虫，虫长而蚁，又食之，则菊笼头而不长。其虫之状如白虱⑤，以棕线作帚而刷之，扇以承之，挥之于远所。秋后而不见虫也，宜认粪迹。是有象干之虫，其色与干无殊也，生于叶底，上半月在于叶根之上干，下半月在于叶根之下干。或破干取之，以纸撚缚之，常以水而润其纸条，花乃无恙。或用铁线磨为邪锋之小刃，上半月于蛀眼向上而搜虫，下半月在蛀眼向下而搜虫。有菊牛焉，沿之则萎[5]，种薹葱则可以辟。麻雀爱取菊之叶而为巢，取之则萎。四之月雀乃为巢时，宜慎也。

[校勘]

　　[1]毋：夷门广牍本、广百川学海本作"母"。

　　[2]宜：夷门广牍本作"直"。

　　[3]蚁多：广百川学海本作"多蚁"。

　　[4]裁：夷门广牍本、广百川学海本作"栽"。

　　[5]萎：百陵学山本、夷门广牍本、广百川学海本均作"萎"，然根据上下文的意思，当为"萎"字之误。

①鳖（biē）甲：鳖的背壳，可作中药。

②夏至：二十四节气之一，在公历 6 月 21 日或 22 日。这天北半球昼最长，夜最短；南半球则相反。

③菊虎：菊的害虫，又名菊牛或菊天牛。《广群芳谱》卷五十一《菊花》四《捕虫》："四五月时，有黑壳虫似萤火，肚下黄色，尾上二钳，名曰菊牛，又名菊虎。或清晨，或将暮，或雨过晴时，忽来伤叶，可疾寻杀之。"此虫属鞘翅目，天牛科，寄主菊花、白术、茵陈蒿、艾纳香等，造成受害枝不能开花或整株枯死。主要分布于四川、安徽、北京、浙江、陕西等省市。巳、午、未之三时：古代计时法将一天一夜分为十二时辰，用十二地支作名称，从夜间 11 点算起，每个时辰合现在的两小时。巳、午、未，均为十二时辰之一，其中上午 9 点至 11 点为巳时，上午 11 点到下午 1 点为午时，下午 1 点至 3 点为未时。

④裁：杀。

⑤虱（shī）：寄生在人、畜身上的一种小虫，吸食血液，能传染疾病。

［译文］

菊花长得稍微高一些，可以把其枝干外面绑上竹竿，使其不会随风飘摇。如果下雨下得太久，应该把花盆内的水倒出来，也是这个道理。如果菊花周围的蚂蚁很多，可以把一个鳖壳放在旁边，这样蚂蚁必然会集中在鳖壳里，刚好把它们移到远处。夏至前后有一种虫，黑色有硬壳，名叫菊虎，每到天气晴暖的时候就会飞出，一般不超过巳时、午时、未时这一时段，应该等候其出来的时候除掉它们。菊花如果被菊虎咬伤了，咬伤的地方仍然需要用手轻轻地摘除，并将虫牙咬过的虫毒清除掉，可以避免秋后再生虫子。如果菊虎很多，一定要尽量将它们多多杀死一些，并且把那些苗壮生长的菊花移置于园圃周围。菊花身上有一股自然的香气，蚂蚁爬上去在菊花上面拉下粪便，虫卵就会变成虫子，虫子长成蚂蚁，又去吃菊叶，则菊花的枝头深受影响难以长大。蚂蚁的虫卵形状如白虱，用棕线作扫帚去扫刷它，下面用扇子接着，将蚂蚁扇到远离菊花的地方。秋后如果看不见虫，应该仔细辨认虫粪的痕迹。有一些很像干虫的东西，颜色与干瘪的虫子没有什么区别，长在菊叶的底部，一般上半月在菊叶根部的上端，下半月在菊叶根部的下端。可以划破枝干将虫子取出来，再用纸捻把枝干绑起来，经常用水湿润枝干，菊花就会没有疾病。也可以用铁线磨成的锋利小刀，上半月从蛀眼向上搜索害虫，下半月从蛀眼向下搜索害虫。如果有菊牛沿着菊花爬过，菊花就会枯萎，种一些蒜薹和大葱就能避免菊虎的危害。麻雀爱用菊花叶子筑巢，被其取过叶子的菊花也会枯萎。每年四月份是麻雀筑巢的季节，应该谨慎对待这件事。

治菊月令①

正 月

立春数日②，将隔年酵过肥松净土③，用浓粪再酵二三次，令深二尺，以伺分种之需④。若旧种在盆或旧地，切不可移动，仍用草温护老本，斯秧发早而壮大。

[注释]

①月令：本指《礼记》篇名，系礼家抄合《吕氏春秋》十二月纪之首章而成，所记为农历十二个月的时令、行政及相关事物。后用以特指农历某个月的气候和物候。此节内容为夷门广牍本所独有，无其他版本可以比勘，偶有文意不通顺之处，则据上下文加以理校，随注释出之。下不赘述。

②立春：二十四节气之一，在公历 2 月 4 日前后。中国传统以立春为春季开始的标志。

③酵（jiào）：有机物由于某些菌或酶而分解称发酵。能使有机物发酵的真菌称酵母菌，亦称酵母或酿母。

④伺（sì）：观察，侦候，等待。

[译文]

立春后几天，将上一年发酵过的肥料翻耕松土，整治干净，再用浓粪发酵二三次，放入深二尺左右的坑中，以备分种的时候使用。如果以前栽种在盆里或者直接种在地里，切记不能移动，仍然用干草覆盖着给菊花老根保暖，这种菊秧发芽比较早而且结实肥大。

二 月

二月初旬，冰雪消泮，此时除去旧护穰草①。春分后，仍将前酵之地倒松，再用大粪酵之，择新长可分菊秧逐茎分开，相去六七寸莳一根[2]。每早汲河水浇活[3]，以待再种。但奇异者必发苗少，务在培植一法。用朽木一块，每月凡遇修理之际，取修下头梗，将木钻孔，用梗迁入孔中。木上薄加肥土，木下透梗少许，漂浮水缺中[4]。待其根生，搬种地上，缉理长成[5]，庶不断种。

[注释]

①初旬：即上旬，每月的第一个十天。消泮（pàn）：融解。穰（ráng）草：稻、麦等的秆。

②莳（shì）：栽种。

③汲（jí）：从井里打水。

④水缺：似为"水缸"之误。

⑤缉理：整理，整治。

[译文]

二月上旬，冰雪融化，此时需要掀去冬天覆盖在菊花根上的稻草等。春分之后，仍要将先前发酵过的肥地翻耕松土，再次用大粪发酵，选择那些新长出来的可以分出的菊秧茎部逐个分开，每隔六七寸栽种一株。每天早晨取河水浇灌成活，等待以后合适的时间再种。但是品种奇异的一定发苗较少，务必要用特殊的培植方法。可以用一块朽木，每月凡是修剪菊花的时候，取出来修理一下菊根下部，给朽木钻上孔，把菊茎下部插进钻孔中。在朽木上稍微洒上些肥土，木头下露出少许茎部，漂浮在水缸中。等待菊根长出来，移植在地上，勤加修剪帮助其成长，这样就不会断种了。

三　月

谷雨前数日[1]，择前秧长壮正直者搬种。筑酵熟所植之地，比平地高尺许，相去尺余，掘穴一枚，每穴加粪一杓搪挜[2]，如法方可搬秧植之。四围余土，锄爬壅根，高如馒头样，令易泻水。周围

［明］唐寅《菊花图》

必留深沟泄水，但雨过不拘何月，务将积沟之水疏通流别处。不分在地在盆，即以酵熟干土壅根。如久雨，盆植者可移置檐下，或用篾箍瓦作盆埋地③，令一半入土内，一半露土上，使地气相接，水不停积。先将肥上倒松，填二三分于盆，加浓粪一杓后，搬菊秧植之。再将前土填满，亦壅如馒头样。又一法，将肥松之土用细筛筛静入甑④，用水烧蒸二三沸，取起倒出，晒干入盆，植菊能杀虫，无侵蚀之患。其秧搬时，每株根边必带故土，周方二寸，使其不知迁动。或用树叶，或碎瓦盖其根土，以防雨溅泥污。青叶若失盖，俟雨歇移水至菊旁，将菊叶洗去泥滓。此法尤妙，各月如之。能遵此法，则菊自顶至根，青叶畅茂，不至枯槁⑤。每遇浇灌，瓦盖者可除去，浇过仍盖之。新种后，必间日早用河水和粪浇之。又用搭棚遮蔽日色，以度其生，遇雨露揭去，但日晴燥不盖之。自始至秋，皆依前法。

[注释]

①谷雨：二十四节气之一，在公历 4 月 20 日前后。谷雨前后，我国大部分地区降雨量比前增加，有利作物生长。

②杓（sháo）：同"勺"。搪挏（táng yǎ）：均匀地涂上泥或涂料，此处指将粪汁涂抹均匀。

③篾（miè）：劈成条的竹片、芦苇、高粱秆皮等。箍（gū）：用竹篾或金属条束紧，用带子之类勒住。

④甑（zèng）：古代蒸饭的一种瓦器，底部有许多透蒸气的孔格，置于鬲上蒸煮，如同现代的蒸锅。

⑤枯槁（gǎo）：草木干枯或枯萎。

[译文]

谷雨前几天，选择先前秧苗长得粗壮挺直的菊花移植。整好要栽种菊花的肥沃土地，比普通的平地高出一尺左右，每隔一尺多远挖掘一个土坑，每个土坑浇入一勺粪且涂抹均匀，按照这种方法才能够成功移植菊花。每个土坑四围多余的泥土，用锄头松整之后用来培植菊根，高高堆积起来，好像馒头模样，使其容易排水。每棵植株周围必须预留出深沟来排水，但雨水过后不论哪个月份，务必将排水沟内的积水疏通到别处去。无论菊花栽种在地上还是花盆里，都要用发酵后又熟又干的泥土培植根部。如果遇到久下大雨，可以把盆栽的菊花转移到屋檐下，或者用竹篾之类将泥瓦束紧制作成花盆，埋在地上，使瓦盆一半在土内，一半露出地面，这样能接上地气，水分也不会停留蓄积。先将肥土上层修整松软，其中二三分土填在花盆内，加上一勺浓粪，把菊花苗移栽进去。再将先前整碎的粪土填满，也要培植得像馒头形状。还有一种办法，就是将肥沃松软的泥土用细筛仔细筛除杂质后放入甑中，再把水烧开煮沸，放上装有肥土的甑蒸上两三沸，取出土倒出来，晒干之后放入花盆，种菊花时能够杀死害虫，不用再担心病虫的侵害蛀蚀。移植菊花苗时，每株花根上一定要带着原来的泥土，花根周围保留大概二寸见方的旧土，使花根就像没有移动过一样。或者用树叶，或者用碎瓦片盖在菊花根部的泥土上，防止下雨时污泥溅到花叶上。菊花青叶上如果没有东西覆盖，等雨水停歇时端些水到菊花苗旁，把菊叶上的泥土渣滓洗掉。这种方法特别奇妙，各个月份都要照此做。如果能遵守这种做法，那么菊花从枝头到根部，就会是青枝绿叶，枝繁叶茂，不致枯萎。每当浇灌菊花时，上面的瓦盖可以先放到一边，浇过之后再盖上。刚刚栽种之后，每隔一天早上必须用河水掺着粪浇灌一次。还要搭起草棚来遮挡太阳，帮助菊苗度过初长期，遇到雨露天气将草棚揭去，但是天气晴朗干燥时也不再遮盖了。从春天到秋天，都要按照前面讲的方法去做。

四　月

小满前后①，菊嫩头上多生小蜘蛛，每早起寻杀之。又生一种曰菊牛，日未出时惯咬菊头，其头日盛即垂。视其咬处悬寸许，必掐去无害，迟则中生蛀虫，虽至秋结盖，若遇大风雨必折。菊牛，其状如蝇，背甲坚而黑，亦须寻杀之。又有一等细蚁，侵蛀菊本，用洗过鲜鱼水洒于叶间，或浇土上，则除。如不断，仍须早起寻杀为良。菊长尺四五寸，每株用坚直小篱竹近插菊根，以软莎草宽缚②，使菊本正直，不至屈曲。隔数日视菊大小，可掐去母头，令其分长子头。择高大者先去，瘦短者隔几日去之。每本止留四五头，多至六七头，以防损折。如理寒菊，必须头多，用篾作箍围定，则秋深团圞如盖可爱③。若用过接，必在此时，用庵藜草或杂菊摘去嫩头，择奇菊亦摘头，将二头以刀斜批，视相合即用鹅毛管或薄芦管管在所接之处，莫令宽动。外用泥密闭管口两头，或纸条缚定，置于阴处。数日视有生意，轻轻用刀捡去其管，每一本接得四五色。又一法曰过枝。预于种植之际，将菊如水车二柱并周围檐柱样种之，至此月除脊菊，中间正枝不动，将脊菊东南枝交过檐菊，亦将东南檐菊顺枝扯来交过，将二枝刀捡肤肉，各去半边，用绵纸条紧缠，引水常润。仍用搭棚蔽日，遇雨露除之。视两枝交合，生意已成，然后将脊菊之头、檐菊之梗相连处用刀捡断，遂成一本。唯梅雨中可活，余必无生意。

[注释]

①小满：二十四节气之一，在公历 5 月 21 日前后。《汉书·律历志下》："中井初，小满。"宋马永卿《懒真子》卷二："小满，四月中，谓麦之气至此方小满而未熟也。"

②莎（suō）草：多年生草本植物，多生于潮湿地区或河边沙地。茎直立，三棱形。叶细长，深绿色，质硬有光泽。夏季开穗状小花，赤褐色。地下有细长的匍匐茎，并有褐色膨大块茎。块茎称香附子，可供药用。

③团圞（luán）：圆貌。

[译文]

小满前后，菊花的嫩头上会生出很多小蜘蛛，每天早起要找到蜘蛛并杀死它们。还会生出一种叫菊牛的害虫，太阳未出来时就习惯性地咬菊花头，等到日到正午时分花头就垂下去了。仔细审视被菊牛咬过的地方，枝条倒悬一寸左右，必须把低垂下来的枝条掐去，这样才没有害处，迟了就会生出蛀虫，即使到了秋天长成了疤，如果遇到大风雨，必定还会折断。菊牛形状如苍蝇，背上甲壳坚硬而且颜色发黑，也必须找出并杀死它们。又有一种细蚁，喜欢侵蛀菊花的枝干，可以用洗过鲜鱼的水洒在叶子中间，或者浇在土上，就能除去细蚁。如果细蚁还不能灭绝，仍须早起寻找并消灭掉为好。菊花长到一尺四五寸左右，每株都要用坚硬挺直的小竹竿靠近菊根插上，用软莎草轻轻地绑起来，使菊花枝干挺直，不要弯曲。过了数日查看菊花的大小，可以掐去母头，促使分枝快速生长。选择那些枝头高大的先掐去，那些又瘦又短的隔几日再掐去。每个枝头只保留四五头花，最多六七头，以防止枝条受损折断。比如说治理寒菊，必须保留多个花朵，可以用竹箅把枝条箍围起来，等到秋深时花团锦簇，犹如冠盖一般可爱。如果想采用过接法，这是最好的时机。把庵藜草或杂菊摘去嫩头，选择一些奇异的菊花品种也要摘头，再用刀将摘掉的两种菊花嫩头斜着切断，如果二者纹理相近，就用鹅毛管或薄芦管连接在切口处，不让接口松动。外面用泥巴将管口两头密封紧，或者用纸条绑定，放置在阴凉处。过了几天看看接口处成活了，轻轻用刀剪断接管，每一根枝条上嫁接四五种颜色的花朵。还有一种办法叫过枝法。在种植菊花的时候，预先设计布局，前面像水车上的两根柱子一样，周围则布置成檐柱状，到了这个月要修剪脊菊，中间的正枝不动，将脊菊的东南枝跟檐菊交接，再将东南方向的檐菊顺枝扯过来交接，最后将二枝用刀削去皮肉，各削去半边，再用绵纸条紧紧缠绕，经常浇水滋润。仍然要搭起草棚遮蔽太阳，遇到雨露天气掀开草棚。看到两根枝条相互交合，已经露出成活的迹象，然后将脊菊的头、檐菊的梗连接处用刀剪断，于是就成了一枝花。这种情况只有梅雨季节才能成活，其余时间一定毫无生机。

五 月

五月夏至前，用浓粪七分，河水三分浇之。夏至后，照前法再去头，止留五六枝为正，若枝繁者多留一二，以防损折。每早浇灌，止用挏鸡鹅毛汤并缫丝汤[1]①，盛缸中作腐者，取其清水；或洗鲜鱼或菜饼屑水，取其清冷者灌之，不可犯酒醋并盐物触之。菊最畏梅雨，此月尤宜顾盼②。

[校勘]

[1]挏：《高氏菊谱·浇灌法》部分亦有类似内容，称"再用烊鸡、鹅毛汤带毛用矼收贮"云云，文意更通顺。此处似当为"烊"字之误。

[注释]

①缫（sāo）丝：煮茧抽丝。

②顾盼：照顾，看顾。

[译文]

五月夏至以前，用浓粪七分、河水三分浇灌菊花。夏至以后，依照前面所讲的方法再给菊花掐头，只保留五六根枝条为正头，如果枝条繁多可以多保留一二枝，以防止枝条折损。每天清早浇灌菊花，只用烊鸡毛或鹅毛汤或者缫丝汤，盛在水缸中发酵变酸再澄清，取上面漂浮的清水浇花；有人用洗鲜鱼或菜饼屑的水浇花，要用那些又清又凉的水来灌溉，不能跟酒、醋、盐等调料品相接触。菊花最怕梅雨季节，这个月份尤其应该得到人们的细心照料。

六　月

六月大暑中①，每早止用清河水浇，隔三四日，以鹅毛冷汤轮灌。若土间生蚯蚓、土蚕等，看去根远近，掘出杀之。近根难灭者，用粪灌之，必欲促死。虫断，仍用河水连浇数日。大抵此月天热土燥，不可用粪，粪多则头笼，青叶皆消泛如蜡板②。水晶盆、金银鹤翎、芍药之类，尤不宜多用。余菊不妨。

①大暑：二十四节气之一，在公历 7 月 23 日前后，一般为我国一年中气候最热的时候。

②蜡板：古代用蜡浇制刻印文字的底板。

[译文]

六月大暑期间，每天早晨只用清清的河水浇灌，隔上三四日，再以焯鹅毛水和缫丝冷汤轮流灌溉。如果土壤中生出蚯蚓、土蚕等害虫，根据距离花根的远近，把害虫挖掘出来杀死。靠近根部很难消灭的虫子，可以用粪汁浇灌，必须把它们消灭掉。即使虫子消灭了，仍然要用河水再连续浇灌几天。大致说来，这个月天气炎热，土地干燥，不能用粪，如果粪多了菊花头部会笼卷，青绿的叶子也会像蜡板一样被融解掉。至于水晶盆、金银鹤翎、芍药之类的菊花品种，尤其不适宜多用肥料。其余的菊花品种施肥多了则不妨事。

七 月

七月初旬，有等蚕样青虫，与叶一色，善食叶，亦用早起寻杀之。若被伤枝叶，难为观赏。立秋之后三五日，不论其枝长短，并不可损。但枝有参差者，将长枝以大针戳眼，拔去针，即将细篾丝一段插入眼内拴住，待短者长齐，然后取去篾丝，使并长也。菊之全本亦有参差，高大者不用浇粪，瘦短者用水和粪浇之促长，以成行列。用粪之法，各有次序。第一次，粪二分，河水八分；越半旬第二次，粪三分，河水七分；再越半旬第三次，用粪五分，河水五分；又越半旬第四次，粪七分，河水三分；第五次全用粪。瘦者多浇，茂者少用，若太过必使蕊头笼闭，青叶愈盛，开花反小。

[译文]

七月上旬，有一种跟蚕的形状、大小相类似的青虫，外表与花叶同样颜色，喜欢吃花叶，也需要早起寻找消灭掉。如果被这种青虫咬伤枝叶，菊花就不能用来观赏了。立秋过后三五天，不论枝条长短，都不能再折损。但是遇到枝条大小参差不齐的情况，可以将长枝用大针戳个小眼，拔去针，再将一段细篾丝插进枝条上的小眼内拴住，等到短枝条长齐，然后再取走篾丝，使枝条长短一致。菊花品种之间也会有很大差异，枝干高大的不用粪浇，枝干瘦短的可以用水和粪浇灌，以促其快速生长，使各个品种看上去排列整齐。给菊花上粪的办法，也讲究一定的次序。第一次灌溉，用粪二分，河水八分；过四五天第二次灌溉，用粪三分，河水七分；再过四五天第三次灌溉，用粪五分，河水五分；又过四五天第四次灌溉，用粪七分，河水三分；第五次灌溉全用粪。瘦弱的菊花多灌溉，枝繁叶茂的菊花少用粪，如果用粪太多，定会导致花蕊头部笼卷，青叶越是茂盛，开花反而越小。

八　月

　　八月间多有狂风骤雨，每本再拣坚直篱竹绑定，用莎草从根紧缚二三节，勿令摇动伤残。白露后发生蓓蕾，蕊头将绽，大枝上择大蕊，留一枚，余皆删去，弗可多留，多则开花微薄。菊蕊嫩脆，选时必须以左手双指稳梗，然后以右手指甲掐蕊，否则连头剔落，遂为无用。既结蕊，隔二三日常用浓粪浇灌，则花大色艳，甚至变有二色者。

[译文]

　　八月间经常会有狂风骤雨，每棵菊花都要再用坚硬挺直的竹竿绑定一次，或者用莎草从根部紧紧缚上二三节，不能让风雨摇动菊花而造成伤残。白露过后菊花长出蓓蕾，蕊头即将绽放，在大枝上选择一枚大蕊，只留一枚，其余都要摘去，不可多留，太多则开花又小又薄。菊花蕊非常娇嫩脆弱，选大蕊时必须用左手两个指头稳稳地捏住花茎，然后用右手指甲掐去其余的花蕊，不然万一连花头掐落，整棵菊花就没有用处了。菊花结蕊后，每隔二三日要经常用浓粪浇灌，这样花朵又大，颜色又鲜艳，甚至有的菊花变成两种颜色。

九 月

九月蕊绽将开之际，必预搭阴厂，遮蔽风霜，庶花开悠久，色不衰褪。如小开亦不可将本移动，漏泄真气。花开间有不足者，磨硫黄水浇根，经夜即发，屡试已验。遇有异色而自己无者，但已觅得不可直种，将来横种地上，认记根头，用肥土压枝，经月视根生，以刀断梗，则根枝两生，种可多得。其原本再加肥土，薄薄壅之，不可过多，多则根深难发矣。

[译文]

九月花蕊即将绽放之际，必须预先搭建顶棚，用以遮蔽风霜，希望花期可以开得更长久，而且颜色不会衰褪。如果菊花已微微开放，也不能随便移动植株，以免漏泄真气。间或有花开得不够大，可以磨些硫黄水来浇花根，一夜之间就能盛开，屡试屡验。遇到那些自家没有的奇异品种，但是已经寻觅到而不能直接栽种，将来可以横种在地上，确认并记录下花根的数量，用肥土压枝，经过一个月左右看看根部生长了，用刀切断花梗，这样花根和花枝同时生长，可以多得到几株。而对于菊花本来的枝干，需要再增添些肥土，薄薄地培植在周围，不可用肥土过多，否则花根太深很难发芽。

十 月

十月上旬，菊花已残，将绑缚朽竹撤去，好者贮备来年之用。本上枯花小枝并折去，止留老干尺许，勿使折迟，以被风摇本根，伤残苗裔①。此时悉用乱穰草盖护，以御霜雪冰冻。每本置竹牌一片，写号挂之，或写竹牌插根旁记之，来春分种，庶不淆乱也。

[注释]

①苗裔（yì）：子孙后代。

　　十月上旬，菊花已经残败，可将绑缚在菊花枝干上的朽竹撤去，好的贮备起来来年再用。枝干上枯萎的花朵和小枝条全部折去，只留下一尺左右的老枝干，不能折去太迟，以免被大风摇断本根，伤及子孙后代。此时全部用乱穰草覆盖保护，用以抵御霜雪冰冻的侵害。每棵菊花上放置一片竹牌，上面写清楚编号并挂在树上，或者写到竹牌上插在菊花根部，旁边加以记录，等到来年春天分种的时候，不致混淆错乱。

十一月

　　十一月中旬未冻之时，择高阜净地倒松，深二尺许，拣去瓦砾、木石，用粪三四次酵肥。绿菊最喜新土怕宿土，必须一年一换，盆中亦然，否则春间虽活，经梅雨必死。酵完用旧藁荐^①，或乱穰草盖地，免致冰冻难锄，减粪肥力，有误来年种植之用。

[注释]

　　①藁（gǎo）荐：草席。

[译文]

　　十一月中旬尚未结冰的时候，选择高起干净的土地松整，挖掘一深二尺左右的土坑，拣去土壤中的瓦砾、木石等，用粪发酵肥料三四次。绿菊最喜欢新土害怕旧土，必须一年一换，种植到花盆中也是这样，否则即便春天成活了，经过梅雨季节必定会死去。发酵完之后，可以用旧草席，或者用那些乱稻草覆盖在地面上，避免肥地遭冰冻，开春锄地不容易，土壤肥力会减少，来年种植菊花时不会误事。

十二月

　　十二月初旬，看菊本盖少处再加厚护，以蔽霜雪。及天日和暖，用粪搪揶菊本四边，莫令着根，春气发扬，苗则群然盛长矣。一法腊月内掘地埋缸，积浓粪，上盖板，填土密锢，至春查滓俱化，土存清水，名为"金粪"。五六月间，菊为雨揉黄萎，用此粪浇之，足以回生，且开花肥泽甚妙。

[译文]

十二月上旬，如果看到菊花根部覆盖的乱草较少，就要加厚保护，来抵御霜雪严寒。等到天气转暖，用粪在菊花根部四周涂抹均匀，不要让粪沾到花根上，春天万物复苏，菊苗就会苗壮生长起来。有一个办法，就是腊月内掘地埋缸，收集浓粪，上面盖上木板，再填土密封，等到春天，渣滓全部融化，土壤里面保持的清水，被人们誉为"金粪"。五六月间，菊花如果被雨水浸润太久而发黄枯萎，用金粪浇灌菊花，能够让菊花起死回生，而且开出的花朵丰硕水灵，非常美妙。

［清］胡慥《花鸟图》

周氏菊谱

［明］ 周履靖 撰

提　要

《艺菊法》1 卷，明代周履靖撰。"周代菊谱"为注者所拟。

明清时期，江浙一带藏书楼不可胜数，尤以嘉兴、海盐为多，海宁、平湖次之。嘉兴的沈启源、项元汴、项笃寿、高承埏、冯梦桢、李日华、沈嗣选、蒋之翘、王志和、俞汝言，海盐的胡彭述、胡震亨父子，平湖的沈懋孝，海宁的周明辅等，均为当时著名藏书家。周履靖也以千金庋藏古今珍稀典籍而著称。

周履靖（1549—1640），字逸之，初号梅墟，改号螺冠子，晚号梅颠道人，嘉兴（今浙江嘉兴）人。据《嘉兴县志》、《螺冠子自叙》等文献记载，周履靖少患羸疾，去经生业，专力为古文诗词，杂植梅竹，读书其中。其妻桑氏能诗，夫妇偕隐唱和，郡县交辟不应，日弄金石图史，诗名噪海内，文士胜流莫不愿与之交，文嘉、王世贞、茅坤、屠隆、董其昌、王稚登等人均为其莫逆之交。他性慷慨，善吟咏，撰述宏富，尤工书法、石刻，大小篆、隶、楷、行、草无不妙，石刻有兰亭修禊图、阿罗汉像、十八学士像、唐宋元明白描人物、梅颠像、螺冠子像等多种传世；善山水，精人物，著有《夷门广牍》、《梅颠稿选》、《画评会海》等；通本草，精养生，著有《茹草编》4 卷、《续易牙遗意》1 卷。尤其是他编辑的《夷门广牍》一书，内容宏富，品类众多，卷帙浩博，大致包括"艺苑"10 种、"博雅"5 种、"尊生"10 种、"书法"3 种、"画薮"7 种、"食品"9 种、"娱志"8 种、"杂占"14 种、"禽兽"6 种、"草木"8 种、"招隐"7 种、"闲适"14 种、"觞咏"4 种等类目，反映出明代中后期东南文人的关注范围和治学特点，具有一定的代表意义。

周履靖《夷门广牍》一书初刊于明万历年间，民国 29 年（1940）上海商务印书馆曾据万历本影印《景印元明善本丛书十种》。在这部皇皇大著中，周履靖的作品占据了很大分量。其中"艺苑"类共 10 种，周履靖撰有《骚坛秘语》3 卷、《广易千文》1 卷；"博雅"类共 5 种，周履靖辑有《群物奇制》1 卷；"尊生"类共 10 种，周履靖辑有《赤凤髓》3 卷、《唐宋卫生歌》1 卷、《益龄单》1 卷；"书法"类共 3 种；"画薮"类共 7 种，周履靖撰辑有《画评会海》2 卷附《唐名公山水诀》1 卷、《天形道貌》1 卷、《淇园肖影》2 卷、《罗浮幻质》1 卷、《九畹遗容》1 卷、《春谷嘤翔》1 卷；"食品"类共 9 种，周履靖撰有《茹草编》4 卷；"娱志"类共 8 种，周履靖校补《诗牌谱》1 卷；"杂占"类共 14 种，周履靖辑有《占验录》1 卷；"禽兽"类共 6 种，周履靖增补《兽经》1 卷、续增《促织经》2 卷；"草木"类共 8 种，周履靖、黄省曾合撰《菊谱》2 卷；"招隐"类共 7 种；"闲适"类共 14 种，周履靖撰辑有 12 种，即《五柳赓歌》4 卷（晋陶潜撰，周履靖和）、《群仙降乩语》1 卷、《闲云稿》4 卷、《野人清啸》2 卷、《燎松吟》1 卷、《寻芳咏》2 卷、《千片雪》2 卷（元冯海粟撰，周履靖和）、《鸳湖唱和稿》1 卷（周履靖等撰）、《山家语》1 卷、《泛泖吟》1 卷、《毛公坛倡和诗》1 卷、《鹤月瑶笙》4 卷；"觞咏"类共 4 种，均为周履靖所撰辑，分别是《青莲觞咏》2 卷（唐李白撰，周履靖和）、《香山酒颂》2 卷（唐白居易撰，周履靖和）、《唐宋元明酒词》2 卷、《狂夫酒语》2 卷。

《夷门广牍》卷七十八收录《菊谱》2 卷，题作《艺菊法》，其中上卷系"嘉禾梅墟周履靖编次"，分为培根、分苗、择本、摘头、掐眼、剔蕊、扦头、惜花、护叶、灌溉、去蠹、抑扬、拾遗、品第、名号共 15 种，这也是目前所能见到的唯一关于周履靖《艺菊法》内容的记录；下卷题作"吴郡五岳山人黄省曾著，嘉禾梅墟道人周履靖校"，《黄氏菊谱·叙录》中已有说明，兹不赘述。此外，清陆廷灿《艺菊志》亦录入周履靖菊谱菊品名称 8 种，但未有更多资料，不能作为版本参校。

今周履靖《艺菊法》以夷门广牍本《菊谱》上卷为底本录之，并简要加以注释、译文。

［清］禹之鼎《王原祁艺菊图》

一、培　根

凡菊于夏间浇灌得法，秋后根头便有嫩苗丛生。俟花开过^①，摘去枝叶，止留本根尺许，掘地作小窞^②，浇粪一杓，将菊本埋之，掺轧土置窞中，四向填掺新土，仍爱护嫩苗，比及到春，已茂盛矣。若不曾上盆，原在地上者，不必如此安排，但只于腊月中浇粪可也^③。

［注释］

　　①俟（sì）：等待。

　　②窞（dàn）：深坑。

　　③腊月：农历十二月。

[译文]

　　一般来说，菊花只要在夏季采取正确的浇灌方法，立秋以后菊花根部就会长出茂密丛生的嫩苗。等到菊花开放后，摘去上面的枝叶，只需要保留菊花根部以上一尺左右，在地上挖掘个小小的深坑，浇上一勺粪，把菊花根埋在深坑内，填上土用脚踩实，四周再填盖一些新土，照样呵护菊花的嫩苗，等到来年春天，枝干长得已经很茂盛了。如果没有移植在盆内，原本就栽种在地上的菊花，不用这样操作安排，只需要在腊月间浇些粪就可以了。

二、分　苗

正月间择地一所，锄转拾去草根，将粪浇一通。越数日再锄，再浇，又锄，击碎土块，修治方整，视平地而高阜尺许^①，通沟道周围以泄水。至春分后清明前^②，将所培根本掘起，敲去泥土，茎有些小细根，虽无大根亦活。于治地上相去七八寸栽一本，每色随意种多少，余者弃之便可。用河水浇灌，逐日侵晨如之^③，直至茎叶鲜健^④，方可用河水对匀粪水，十余日浇一次。

[注释]

①阜（fù）：土山。

②春分：二十四节气之一，在公历 3 月 20 或 21 日。此日，太阳直射赤道，南北半球昼夜长短平分，故称。《逸周书·周月》："春三月中气：惊蛰，春分，清明。"汉董仲舒《春秋繁露·阴阳出入上下》："至于仲春之月，阳在正东，阴在正西，谓之春分。春分者，阴阳相半也，故昼夜均而寒暑平。"清明：二十四节气之一，在公历 4 月 5 日前后。我国有清明节踏青、扫墓、向逝者供献特别祭品的习俗。

③侵晨：天快亮时，拂晓，黎明。

④鲜健：强健有精神。

[译文]

正月期间选择一块土地，用锄头翻转一遍，拾去草根，再用粪水浇地一通。过数日再锄一次，重新浇一次地，再锄一遍地，把大的土块敲碎，修理整治得方正平坦，跟平地相比大概高出一尺左右，周围再留出专供浇灌菊花的泄水沟道。到了春分之后和清明之前的这段时间，要将所培植的菊花主根挖掘出来，轻轻敲掉上面的泥土，只要茎上长有一些小细根，即便没有大根也能成活。在修整好的土地上每隔七八寸远栽种一棵菊花根，每种颜色随意栽种一些，多余的扔掉就行了。如果用河水浇灌，每天拂晓时分都要按时浇灌，直到菊花的茎和叶都长得非常茁壮，才可以将河水里面均匀加入一些粪水，每过十几天浇灌一次。

三、择 本

谷雨后别选通风日①，无树根草芽之地，如前修治，形欲高而沟欲深，安排瓦盆在上②，无则用瓦四片箍成者亦妙③。以三分为率，留一分在上掺土，将前所分苗本拣择，干本盛大、态度端庄者，带土掘起，种盆内，就于先所浇灌园泥培壅④，低盆口三寸，庶可便于浇粪⑤。盖菊所畏者水耳，略被水淬则心瘁矣⑥。所用瓦者，雨过水干，不致浸渍，兼上盆时去箍除瓦，移入盆内，又不伤根，且不泄气，着花愈久。此法甚妙。若贫家无此，栽根地上，周围积土培之，如培土高亦可泄水无恙，但浇粪不悉入于根耳。既种之后，每株相近，根边插红油小竹一根⑦，入土欲深，以不动摇为度。此竹乃菊之所倚藉以为生者，将本干缚竹，其岐枝用绳牵拽，亦于竹上缚定。其缚者棕榈叶，晒干分细用之，亦奈风日。竹不油亦用得，但油者可辟菊虎，故用之。

[注释]

①谷雨：二十四节气之一，在公历 4 月 20 日前后。谷雨前后，我国大部分地区降雨量比前增加，有利作物生长。

②瓦盆：陶瓦制作的敞口盛器。

③箍（gū）：同"箍"，用竹篾或金属条束紧，用带子之类勒住。

④培壅（yōng）：在植物根部堆土以保护其根系，促其生长。

⑤庶（shù）：表示希望发生或出现某事，但愿，或许。

⑥水淬（cuì）：染。瘁（cuì）：疾病，劳累。

⑦红油小竹：指油竹，灌木状或稀见乔木状竹类，地下茎合轴型；实心，通常无通气道；鳞片为正三角形，排列紧密；竿直立或近直立，梢部弯曲而俯垂，节间圆柱形，被稀疏散生的淡白色小刺毛；枝条簇生，主枝较粗

长，疏丛生或近散生。广西南宁、钦州等地有栽培，以邕宁、武鸣等县较多。

[译文]

谷雨过后另外选个风和日丽的天气，没有树根草芽的地方，像前面讲述的那样修整治理土地，将土垄尽量堆得高一些，而排水沟尽量深一些，放置一些瓦盆在上面，如果没有瓦盆，就用四片泥瓦箍成容器的形状也不错。如果把三分作为标准，留一分在上面掺土，将预先准备好的菊苗根茎仔细加以挑拣选择，将那些根深干粗茂盛硕大、姿态比较端庄的菊根，连同根上的泥土一起掘起，种植在瓦盆内，再将先前储备的用来浇灌的园泥培植在菊花根部，低于盆口三寸左右，希望能够有利于浇灌粪水。大概菊花平常最害怕的就是水，略微被水浸润就容易花根生病。之所以采用泥瓦来遮盖，原因在于雨水过后，水分渐渐消散，不至于将花根浸渍，加之将花根移植到瓦盆内时，需要去掉外面的箍和泥瓦，移入盆内，又不会损伤花根，而且不会泄漏元气，开花时间更长久。这个办法非常美妙。如果有些贫寒人家没有栽种菊花的瓦盆或瓦片，可以将菊花根栽种在地面上，周围用积土培植花根，如果培植的土垄较高，也能使积水排出不会淹住花根，只不过浇灌的粪水无法全部吸收到根部罢了。种植花根之后，每两株菊花中间，都在花根旁边插入一根红油小竹，入土尽量深一些，大致以摇不动为标准。这根竹子是供菊花生长过程中所依靠的，可以将菊花的主干绑缚在竹子上，将菊花旁边的小枝也用绳子系住，并绑缚固定在竹子上。用于绑缚的绳子是棕榈叶，将宽宽的棕榈叶晒干之后细分成几份使用，也能经得起风吹日晒。竹子如果没有油也可以使用，但是有油的竹子可以避免菊虎的咬啮侵害，因此才使用油竹。

四、摘　头

分苗之后，高至七八寸，便摘去头，令生岐枝。其初起一枝去头之后，必长三四枝。其三四枝长尺许，又摘去，每枝又分长三四枝。始以三枝言之，第三次三三九枝。欲要枝多，再一摘无妨。其枝繁杂，未可删去，多存以防菊牛所伤[1]。直至白露后，酌量根本肥瘦[1]，可留几枝，余者去之。有宜花多者，有宜花少者，不可一概论。如绣芙蓉、海棠春之类，则以花多为入格[2]，大抵多者不过三十花，少者十数花足矣。古法遇九则摘[3]，初九、十九、二十九之类，然亦不必拘拘于此[4]。

[注释]

①白露：二十四节气之一，在公历 9 月 8 日前后。酌量：本指计量酒米，后泛指斟酌估量。

②入格：符合一定的规律。

③古法：古代法度规范。

④拘拘：拘泥貌。

[译文]

菊花分苗之后，长高到七八寸，便摘去枝头，让它长出分枝。最初长出的枝条被摘去头之后，必定会长出三四根枝条。第二次长出的三四根枝条，长到一尺左右，再次摘去，每根枝条又可以分长出三四枝。如果按照最初所说的每根分出三枝来计算，那么第三次摘头之后就是三三得九枝了。如果还想要枝头再多一些，那就再摘一次头也无关紧要。菊花枝叶繁杂，却不能随便删去，要多保存几枝，用以防备菊牛类害虫的咬啮伤害。这种情况一直持续到白露之后，再根据菊花根部的肥瘦加以估量，可以留下几枝，其余的删去不要。有些适宜花朵多一些，有些适宜花朵少一些，不能一概而论。比如绣芙蓉、海棠春之类的品种，就是以花朵多作为取舍的标准，大概多的不过三十朵花，少的十多朵花就足够了。古法讲究遇九就摘，也即是人们常说的初九、十九、二十九等日期，然而实际上也没有必要完全拘泥于此。

［清］汪士慎《菊杞修竹图》（局部）

五、掐　眼

　　每枝逐叶上近干处生出小眼，一一掐去，此眼不掐，便生成附枝^①。掐眼之时，切须轻手，盖菊叶甚脆，略触即堕矣。

[注释]

　　①附枝：树木的分枝。

[译文]

　　每根枝条上的菊叶靠近枝干处都会生长出类似小眼的嫩芽，需要一一掐去，如果这些小嫩芽不掐掉，就会生成分枝。掐眼的时候，切记必须轻轻下手，因为菊花叶子非常脆弱，略微触碰一下就会掉落。

六、剔 蕊

菊至结蕊时，每枝顶心上留一蕊，余则剔去。如蕊细，用针挑之。其逐节间或比先掐眼不尽①，至此时又复结蕊，亦尽去之。庶几一枝之力尽归于一蕊②，所以开花尤大，可径四寸，小者二三寸不下矣。

[注释]

①间或：偶尔，有时候。比先：从前，过去。

②庶几：或许，也许。

[译文]

等到菊花长出花蕊时，每根枝头顶心上只需要留下一个花蕊就行了，其他的都要剔除。如果花蕊很细，可以用针挑掉。每根枝条的底部偶尔有过去掐眼不彻底的现象，到此时再次长出花蕊，也要全部剔除。或许是一根枝条的力量全部都供应给了这个花蕊，所以花朵开得特别大，大的直径能达到四寸，小的直径也不会少于二三寸。

七、扦 头①

梅雨时②，取河泥搓成大弹丸样，将折下小附枝三四寸者插入泥丸内，插讫埋土中，日逐用水浇灌，虽瘪甚③，五七日则鲜活，盖根已生矣，甚妙。用泥丸者，气不泄而易活易长也。亦依前法摘掐，或止用一花，则不摘头，任其乱生枝柯④，临时悉皆删去之，止留一干一花。其花甚大，而干甚低也。

[注释]

①扦（qiān）：插。

②梅雨：指初夏时节江淮流域持续较长的阴雨天气，因当时正值梅子黄熟，故称黄梅天。因这个季节空气长期潮湿，器物易霉，又称霉雨。

③瘪（piān）：半枯，身枯。

④枝柯：枝条。

[译文]

梅雨时节，取来河泥搓成大弹丸形状，将折下来的长三四寸的小分枝插入泥丸内，再将泥丸连同小分枝一块埋入土中，每天不断用水浇灌，即使看上去非常干枯，过了五七日就会变得鲜活，大概花根已经长出来了，实在太奇妙了。之所以插进泥丸内再栽入土中，是因为这样植物的元气不容易泄露，而且更容易成活和生长啊。也可以依照前面所讲的办法来摘头或掐头，有时候只留一枝花，那就不需要摘头，任由它随便生长出一些枝条，临时需要了全部摘去没用的枝条，只留下一根枝干和一朵花即可。这样栽种的花朵非常大，而且枝干长得非常低。

八、惜 花

花虽傲霜，其实畏之，一为风所凌，便非向者标致。风雨尤然，何况于霜乎？花蕊半开，便可上盆，移置轩窗通风日处①，每晨浇少水。水不可多，多则伤叶。不若以小盏盛水，放根边，用纸撚一条，半缚根上，半置水盏内，水干再添。如此，则根润花满而色正，可得月余赏玩②。否则，于根所结缚凉棚上，用竹簟、芦箔之类亦可③，以为菊花延寿龄也。

[注释]

①轩窗：窗户。

②赏玩：欣赏玩味。

③竹簟（diàn）：竹席。芦箔（bó）：用芦苇编织成的席子或筛子。

[译文]

菊花虽然具有不为寒霜所屈服的特性，但是实际上还是畏惧风霜的，一旦被寒风所欺凌，便没有了从前的韵致。风雨尚且能够让菊花受到伤害，更何况是寒霜呢？菊花花蕊半开时，就可以上盆了，将花盆移放到窗户旁边能够通风和晒到太阳的地方，每天早晨浇少许水。水不可以浇多，太多就会损伤花叶。不如用一个小小杯子装上水，放在花根旁边，用一条纸撚子，半截绑在花根上，半截放置在水杯内，水干了再添上。这样一来，菊花根部滋润、花朵丰满而且颜色纯正，可以供人欣赏玩味一个多月呢。不然的话，把菊花根部用凉棚绑缚起来，或者用竹席、芦席之类来代替凉棚也可以，以便延长菊花的寿命。

九、护 叶

养花易，养叶难。凡根有枯叶，不可摘去，摘去则气泄，其叶自下而上逐旋黄矣。浇粪时慎勿令粪着叶，一着，随便黄落矣。欲叶清茂，时以韭汁浇根妙。

[译文]

养花容易，养花叶难。凡是花根长有枯叶的，千万不能摘掉，如果摘掉了枯叶，那么菊花的元气也就发散出去了，花叶从下而上逐渐就变黄了。浇灌粪水的时候千万不能让粪水沾到叶子上，一旦叶子沾上粪水，很容易就会变黄凋落了。如果想让花叶生长得嫩绿茂盛，需要经常用韭菜汁浇灌最妙。

十、灌　溉

梅天但遇大雨一歇[1]，便浇些少冷粪以扶助之，否则无故自瘁。若厌于浇粪，用粪泥于根边周围堆壅半升[2]，雨再至，泥自湿，其功胜粪甚远大，且不坏叶。造粪泥法：先于六月内将碎泥摊场上晒干[3]，浇泼浓粪，再晒再泼，如此三四次，敲十分碎，粗筛筛过[4]，收盛缸内，不可着雨，至此取用，间或用粪水一二次。六七月内不可用粪，用则枝叶皆蛀。每晨用河水浇灌。若有捋鸡、鹅毛水[1]，停积作冷清[5]。或浸蚕沙清水[6]，时常浇之，尤妙。最忌酒糟、盐卤[7]。直至立秋后[8]，逐旋用粪，起初冷粪一杓和水三杓，越数日粪一杓水倍之，又数日粪水停，匀乃止。结蓓蕾后，纯用冷粪一二次。

[校勘]

[1]捋：据上下文意，似当为"烊"字之误。参见《高氏菊谱·浇灌法》相关校记。

[注释]

①梅天：指黄梅天气。

②壅：用土或肥料培在植物的根部。升：容量单位，或指量粮食的器具。

③场：平坦的空地，多指农家翻晒粮食及脱粒的地方。

④筛：用竹子或金属等做成的一种有孔的器具，可以把细东西漏下去，粗的留下，称"筛子"。

⑤停积：此处指把烊鸡、鹅毛水用容器蓄积起来，沉淀之后用来当粪水使用。

⑥蚕沙：家蚕粪，黑色，形同沙粒，干透后可作为枕头的装料或入药。

⑦酒糟：造酒剩下的渣滓。盐卤（lǔ）：熬盐时剩下的黑色液体，味苦有毒，通常用以制豆腐。

⑧立秋：二十四节气之一，在公历 8 月 8 日前后。

[译文]

黄梅季节，每当大雨初停，需要灌溉少许冷粪来帮助菊花生长，否则就会无缘无故自己枯萎。如果不喜欢浇粪，可以在菊花根四周堆起半升高的粪泥堆，等到再次下雨时，粪泥自然就浸湿透了，这样做比直接浇粪效果好得多，而且还不会损害菊叶。制造粪泥的方法是：先在六月份将碎泥摊到场上晒干，上面浇泼浓粪，再晒干之后再泼，如此重复三四次，再将粪泥敲打得十分细碎，用粗筛仔细筛过后，收拾好盛装在大缸内，不能溅上雨水，到这种情况才能取来使用，偶尔可以洒上一两次粪水。菊花六七月份内不适宜用粪，如果用了粪，那么枝叶就会生蛀虫。每天早晨用河水浇灌。如果有烊鸡毛或烊鹅毛水，可以蓄积存放起来，让其慢慢发酵之后再自然沉淀澄清以便使用。或者用浸泡过蚕沙的清水，经常浇灌菊花，尤其奇妙。菊花最忌讳酒糟和盐卤之类的东西。直到立秋过后，逐渐经常给菊花上粪施肥，起初用一勺冷粪兑三勺水，过些天要用一勺粪兑两倍的水，再过数日不再浇灌粪泥和水，将先前上的粪泥铺均匀，就可以停止灌溉工作了。等菊花长出蓓蕾后，单纯用冷粪浇灌一二次即可。

十一、去　蠹①

　　害菊之物有五：曰菊牛，曰蚱蜢，曰青虫，曰黑蚰，曰喜蛛是也②。蚱蜢、青虫食其叶，黑蚰瘠其枝③，喜蛛侵其脑头。唯菊牛一名菊虎，形似杨牛而小，菊之大蠹也。露未晞时停叶间④，此际可寻杀之。但飞极快，迟不可为也。五六月内绕皮咬咂，产子在内，变为虫，则此一叶叶瘪而垂。凡折去之时，必须于损处更下一二寸，庶免毒气攻及一树。以其损处劈开，必有一小黑头青虫，当撚杀之。蚱蜢、青虫皆当杀之，如不欲害，则拾取送他处可也。黑蚰，古法用油纸撚灯吹灭，以烟熏死，蚰死而枝伤，不若用绵缠筋头，逐渐惹下，手撚杀之。喜蛛则逐叶舒去其丝。又蚯蚓亦能伤根，时用纯粪泼之，俟死⑤，即用河水解其酷烈，不常用也。至于蚁，亦能伤菊，一经蚁过，则干叶皆瘁。故种菊最宜洁净，不得以腥膻近之⑥。至如挃鸡鹅水，亦不必浇之，恐其引蚁故也，其地更宜绝其蚁种。

[注释]

　　①蠹（dù）：蛀蚀器物的虫子。

　　②蚱蜢：别名"蚂蚱"，蝗属农业害虫。形似蝗而略小，头呈三角形，善跳跃，常生活在田垄间，吃食稻叶。黑蚰（yóu）：一种害菊之虫，像蜈蚣而略小，触角和脚很长，毒颚很大，栖息房屋内外阴湿处。喜蛛：蜘蛛的一种，体细长，色暗褐，脚很长。古时以其出现为喜兆，故名。

　　③瘠（jí）：本意是瘦弱，此处用作动词，使……变得瘦弱。

　　④晞（xī）：干，干燥。

　　⑤俟（sì）：等待。

　　⑥腥膻：难闻的腥味或膻味。

[译文]

　　经常伤害菊花的动物有五种：一是菊牛，二是蚱蜢，三是青虫，四是黑蚰，五是喜蛛。蚱蜢、青虫好吃菊花的叶子，黑蚰经常把菊花的枝干变得瘦弱，喜蛛喜欢钻进菊花的头部。唯有菊牛，又叫菊虎，外形跟杨牛相似而稍小，是伤害菊花的大害虫。菊牛经常在露水还未干时停在菊花叶子之间，趁此机会可以搜寻并弄死它。但菊牛飞得非常快，慢一步就会让它跑掉。五六月份的时候，菊牛喜欢围绕着菊花叶子又咬又吸，在菊叶里面产卵，等卵变成虫，那这片叶子就会因干枯而低垂。要是将枯叶摘去，必须从叶子破损之处靠下方一二寸的地方动手，免得菊牛的毒气蔓延到整棵菊花。从叶子破损处劈开，必定有一只小黑头的青虫，应该用火捻子烧死它。蚱蜢、青虫都应当杀掉，如果不想杀掉它们，就将它们拾起来送到其他地方也可以。至于黑蚰，古法常把油纸捻灯吹灭，用油烟熏死它，但是这样一来，黑蚰虽然死了，而花枝也受伤了，不如用绵条缠住黑蚰的筋头，慢慢地招惹挑逗它出来，再下手捻杀它。消灭喜蛛，可以将其连同吐在花叶上的丝全部扯断就行了。另外，蚯蚓也能伤害菊花根部，经常用纯粪泼上去，等到它死了，就可以用河水消解掉它身上浓烈的毒气，不过这种方法也并不常用。至于蚂蚁，也能伤害菊花，只要有蚂蚁经过，干燥的叶子就会枯死。因此，种菊花最宜在洁净的环境中，不要让腥膻的味道靠近菊花。至于那些焯鸡鹅水，也不能用来浇花，原因是害怕会招来蚂蚁，种植菊花的土地上更应该杜绝各种蚂蚁的存在。

十二、抑　扬

菊之本性，有易高者，醉西施之类是也；有特低者，紫芍药之类是也。高者抑之，低者扬之。抑之法：频摘头，比他本多一二次。扬之法：迟摘头，视他本少一二次，庶无过不及之差。

[译文]

菊花的本性，有很容易就长得很高的，比如醉西施之类；有长得特别低的，如紫芍药之类。长得高的要抑制其生长，长得低的要促进其生长。抑制菊花生长法：频繁摘头，较其他品种的菊花多摘头一二次。促进菊花生长法：推迟摘头，较其他品种少摘头一二次，这样几乎就不存在花枝生长过高或过低的差异了。

[清] 张同曾《菊花图》

十三、拾　遗

　　黄、碧单叶二种，生于山野、篱落、堤岸之间，宜若无足取者①。然谱中诸菊皆以香色态度为人爱好，剪锄移栽，或至伤生。而是花与之均赋一性，均受一气，同有此名，而能避迹山野，保其自然，有若士君子坚行操节②，隐处林壑③，不为时世所夺，故亦无羡于诸菊也。予嘉其大意而收之，又不敢杂置诸菊之中，故特附录于此。

[注释]

　　①宜若：表示拟测或推断之词，犹言似乎、好像。

　　②士君子：旧时指有学问而品德高尚的人。操节：操守，气节。

　　③林壑：树林和山谷，此处指隐居之地。

[译文]

　　黄色和碧绿色的二种单叶菊花，生长在山野、篱落、堤岸之间，似乎不值得收录在花谱内。然而花谱中收录的各种菊花，都是因为其香气、颜色、姿态等而为人们所喜爱，受到人们的悉心照料，如剪枝、锄地、移植、栽种等，有的菊花甚至因此而受伤。可是这两种菊花与那些菊花被赋予相同的禀性，吸收同样的空气，同样拥有菊花的名称，而能够在山野中避藏形迹，保持其自然的天性，好像那些品德高尚的士君子一样，隐居在山林之中，不为世俗所改变，因此也不去羡慕那些普通的菊花。我出于赞赏的目的而把它们收录进来，又不敢把它们胡乱放置在其他品种的菊花之中，因此特意将它们附录在这里。

十四、品　第①

　　或问："菊奚先？"曰："先色与香，而后有态。"曰："然则色奚先？"曰："黄。黄者中之色②。《易》曰：'黄中通理③。'《诗》曰：'绿衣黄裳④。'土旺季月，而菊以九日花⑤，金土之应，相生而相得者也。其次莫若白。西方，金气之应，菊以秋开，则于气为有钟焉⑥。紫为白变，而红又紫之变也；紫所以白之次，而红又紫之次云。有色矣而后有香，有香矣而后有态，是其为花之尤著也。⑦"或又曰："花以艳媚为悦，而子以态为后欤？"曰："吾尝闻诸古人矣，妍卉凡花为小人，而松竹兰菊为君子。安有君子而以态为悦欤？至于具香与色而又有态，是君子而有威仪也。"⑧又尝闻昔之谱菊者，每称胜为最。胜故在也，拟之金鹤翎⑨，非其所仿佛，岂其无祖于古而屈隆于今耶？或见爱之者众，而逞诡献奇耶？皆不可晓也。班志有曰："小说家流，千三百八十三篇，盖出于禅官道途之说也。"⑩剢其事者必先利其器⑪，寻其波者必计其源。吾尝观《茶经》、《竹谱》⑫，尚言始末，成一家之说，况菊之所受，又有不同焉。老圃云⑬："菊有千种，唯花硕丰丽、千叶无心为上。"予之井见⑭，十之二三或因人所好，名器不同，实一色耳。子曰："虽小道，必有可观者焉。"苟致远而不泥，庶几近道矣。⑮

[注释]

　　①品第：此节题为"品第"，与宋刘蒙《刘氏菊谱》卷中"定品"一节相类似，其中"或问……是君子而有威仪也"一段话系从《刘氏菊谱》化用而来，"班志有曰……庶几近道矣"一段话系从宋苏易简《文房四谱后序》化用而来，字句稍有不同。

②黄者中之色：黄色是中央之色、正统之色。参见《刘氏菊谱·定品》注①。

③黄中通理：语出《周易·坤》："君子黄中通理，正位居体，美在其中而畅于四支，发于事业，美之至也。"理，玉石的纹路，引申为物的纹理或事的条理。以黄色居中而兼有四方之色，此处指通晓事物的道理。

④绿衣黄裳：语出《诗经·邶风·绿衣》："绿兮衣兮，绿衣黄裳。心之忧矣，曷维其亡！"上曰衣，下曰裳。

⑤土旺季月：参见《刘氏菊谱·定品》注①。菊以九日花：《刘氏菊谱》各本均作"菊以九月花"，则此处"九日"或当为"九月"之误。

⑥于气为有钟焉：《刘氏菊谱》作"于气为钟焉"，意即钟气，谓凝聚天地间灵秀之气。

⑦"紫为白变……是其为花之尤著也"一段：此段系化用唐代医学家陈藏器之语，《刘氏菊谱》原文为："白菊生平泽。花紫者，白之变；红者，紫之变也。此紫所以为白之次，而红所以为紫之次云。有色矣，而又有香，有香矣，而后有态，是其为花之尤者也。"

⑧"吾尝闻诸古人矣……有威仪也"一段：《刘氏菊谱》原文为："吾尝闻于古人矣，妍卉繁花为小人，而松竹兰菊为君子，安有君子而以态为悦乎？至于具香与色而又有态，是犹君子而有威仪也。"

⑨鹤翎（líng）：本意是鹤的羽毛，此处指菊花品种名。《醒世恒言·卢太学诗酒傲王侯》："那菊花种数甚多，内中唯有三种为贵。那三种？鹤翎、剪绒、西施。"

⑩"班志有曰：'……道途之说也'"一段：此段原引自宋苏易简《文房四谱后序》，文曰："班志有言曰：'小说家流，千三百八十篇，盖出于稗官道途之说也。'"苏氏所征引的班志内容，出自东汉班固所撰《汉书》卷三十《艺文志》"小说类序"，原文曰："右小说十五家，千三百八十篇"，"小说家者流，盖出于稗官。街谈巷语，道听途说者之所造也"。稗官，小官。小说家出于稗官，后因称野史小说为稗官。《汉书·艺文志》颜师古注："稗官，小官。如淳曰：'细米为稗，街谈巷说，其细碎之言也。王者欲知闾巷风俗，故立稗官使称说之。'"《周氏菊谱》原文作"禅官"，误，

当为"稗"字。

⑪ "矧（shěn）其事者"句：语出《论语·卫灵公》："子贡问为仁。子曰：'工欲善其事，必先利其器。居是邦也，事其大夫之贤者，友其士之仁者。'"意思是事先做好准备，做起事情才能得心应手，达到事半功倍的效果。根据上下文的意思，"矧"字后当脱一"善"字。矧，况且。

⑫《茶经》：唐陆羽撰，三卷，论茶的性状、产地、采制、烹饮等方面，记载翔实，为我国论茶最早的专著，被誉为"茶叶百科全书"。明张应文以书中论述，古今已有变化，因撰《茶经》一卷，分茶、烹、器三篇。《竹谱》：宋末元初蓟丘（今北京）人李衎（字仲宾，号息斋道人）所著画竹专论，又名《竹谱详录》，分《画竹谱》、《墨竹谱》、《竹态谱》、《竹品谱》四谱，共十卷，征引繁博，言之有物，详明可解，是画论中的力作。

⑬ 老圃：有经验的花农。

⑭ 井见：像井底之蛙那样狭隘的见解，比喻狭隘短浅的见解。

⑮ "子曰……庶几近道矣"一段：语出《论语·子张》："子夏曰：'虽小道，必有可观者焉，致远恐泥，是以君子不为也。'"小道，指某一方面的技能或技艺。泥（nì）：不通达，行不通，拘泥。

[译文]

有人问道："菊花的哪种品质最优秀？"回答说："首先是色泽与香气，然后是其姿态。""既然这样，哪种颜色排在第一位呢？"回答说："黄色。黄色是最纯正的颜色。《周易》说：'黄中通理。'《诗经》说：'绿衣黄裳。'每季最后一个月的土气都比较旺盛，而菊花因为是九月开花，金与土相互滋生和促进，可谓相生而又相得呀。其次纯正的颜色莫过于白色了。西方对应的是'金气胜'，菊花在秋天开放，因此对应的正是凝聚天地间灵秀的钟气。紫色花是白色的变种，而红色花又是紫色的变种；这就是为什么紫色菊花次于白色菊花，而红色菊花又次于紫色菊花的原因。首先是色泽出众，而后又有诱人的香气，有了香气，而后又有美丽的姿态，这才是菊花中最为优秀的品种。"有人又说："鲜花凭借其艳丽妩媚取悦于人，而您为什么把其姿态排在最后呢？"回答说："我曾经听古人说过，争奇斗艳的花卉是花中的小人，而松竹兰菊一类的植物才是花中君子，哪里听说过君子依仗其美好的姿态来取悦于人的事情呢？至于说香气、色泽、姿态兼而有之，这就犹如君子具有庄重的仪容举止一样啊。"我又曾经听说，以前给菊花做谱的人，每每认为优美的菊花是最高品级的。优美本来是客观存在的，这就好比金鹤翎，并不像人们想象的那样花如其名，难道是它没有师法古人反而委屈尊崇今人的缘故吗？或者说看到喜欢菊花的人众多，因而要以诡异奇怪的名称来标新立异？这些都不得而知。班固《汉书·艺文志》有云："小说家之类，共有一千三百八十三篇，可能出自于稗官的道听途说。"况且工匠要想做好工作，必须先使工具锋利；要想研究水的特点，必须探究水的源头。我曾经看过《茶经》、《竹谱》，尚且能说明始终，成一家之说，何况人们对于菊花的理解，又各有深浅不同。有经验的花农说："菊花有上千个品种，唯有那些花朵硕大、丰满艳丽、花瓣重叠繁多而且没有花心的品种最为珍贵。"依我粗浅狭隘的看法，我觉得十有二三可能是由于人们的爱好不同所致，虽然名称各有不同，实际上本质并无区别。子夏说："虽然都是些小的技艺，也一定有可取的地方。"如果能用它来实现远大的目标，而且又不会行不通，那就几乎接近法则或规律了。

十五、名　号

金鹤翎，深黄色千叶。

银鹤翎，白色千叶。

蜜鹤翎，蜜色千叶。

紫鹤翎，淡紫色千叶。

红鹤翎，深红色千叶。

金芍药，深黄色千叶。

银芍药，白色千叶。

金宝相，深黄色千叶。

银宝相，白色千叶。

金西施，嫩黄色千叶。

白西施，纯白色千叶。

病西施，萎黄色千叶。

蜜西施，淡黄色千叶。

锦西施，红黄千叶。

蜡瓣西施，黄蜡色千叶。

蜜褐西施，重蜜褐色千叶。

玉板西施，粉红色千叶。

银红西施，银红色千叶。

二色西施，淡黄、纯白色千叶。

阴阳西施，每花中分黄、白色千叶。

鞑蛮西施，白色千叶。

玛瑙西施，红白色千叶。

黄牡丹，嫩黄色千叶。

蜜牡丹，蜜色千叶。

白牡丹，白色千叶。

锦牡丹，红黄色千叶。

紫牡丹，艳紫色千叶。

粉牡丹，粉红色千叶。

红牡丹，大红千叶。

二色牡丹，大红、艳紫色千叶。

紫剪绒，深紫千叶，叶茸如剪。

剪苏桃，仿佛紫剪绒，韵度似不侔矣。

墨苏桃，紫黑色千叶。

红苏桃，重红千叶，叶茸如剪。

白粉毬，淡粉色千叶。

二色粉毬，粉红、淡紫二色千叶。

紫粉毬，紫色千叶。

粉万管，粉红千叶，叶如管。

射香毬，红黄色千叶。

红绣毬，大红千叶，如毬。

粉妲己，粉红色千叶。

紫妲己，紫花千叶。

雀舌牡丹，花同雀舌，叶似牡丹，千叶。

紫霞觞，紫色千叶。

黄鹤顶，深黄色千叶。

白鹤顶，白色千叶。

檀香鹤顶，淡黄色千叶。

玛瑙鹤顶，红黄色千叶。

鹤顶红，粉红千叶，中心深红突出。

红心鹤顶，粉红色千叶。

粉红鹤顶，粉红色千叶。

金丝鹤顶，粉红色千叶，中有黄纹。

玛瑙盘，红黄色千叶。

玛瑙红，淡红色千叶。

玛瑙黄，红黄色千叶。

二色玛瑙，粉红、淡黄二色千叶。

粉玉盘，红粉色千叶。

瑶台雪，千叶大白花。

万卷楼，粉红千叶，叶加卷。

一捧雪，千叶大白花。

赛琼花，粉红色千叶。

玉菡萏，粉红色千叶。

葵菊，粉红色千叶。

二色菡萏，粉红、淡黄二色千叶。

出炉银，银红色千叶。

水红莲，粉红色千叶。

二色芙蓉，重粉、淡黄二色千叶。

菡萏红，粉红色千叶。

白佛见笑，白色千叶。

嘉兴秋牡丹，粉红色千叶。

吴江秋牡丹，粉红色千叶。

常熟秋牡丹，粉红色千叶。

白蛮毡，白色千叶，如毡。

粉蛮毡，粉红千叶，如毡。

大杨妃，粉红色千叶。

二色杨妃，重粉红、黄二色千叶。

退姿白，初开微红，后渐白色，千叶。

浦花，粉红色千叶，花朵极大。

红玉莲，重粉色千叶。

锦瑞香毬，红黄色千叶。

金瑞香毬，深黄色千叶。

紫瑞香毬，紫色千叶。

散瓣瑞香，紫色千叶。

八宝瑞香毬，粉红色千叶。

红瑞香毬，深红色千叶。

白瑞香毬，白色千叶。

西番莲，白细色千叶。

红杨妃，淡红色千叶。

紫杨妃，紫色千叶。

金褒姒，金黄色千叶。

白褒姒，白色千叶。

紫褒姒，紫色千叶。

粉褒姒，粉红色千叶。

紫挠头，粉红色千叶。

吕公袍，淡葱白色千叶。

班鸠翎，紫苍色，如班鸠之翎，千叶。

玉莲环，白色千叶，花开，叶皆四卷。

琐围，大红千叶，叶边周围有黄色。

阔板大红毬，大红千叶，反叶成毬。

细叶小红毬，大红千叶，如毬。

大红狮子毬，大红千叶，每花有二三青蕊突起。

黄四面，重黄千叶。

锦四面，红黄千叶。

白四面，白色千叶。

［清］钱载《菊石图》

紫四面，深紫色千叶。

楼子红，大红千叶，黄心中又起数瓣。

紫袍金带，紫红色千叶，中有细黄心。

洒金红，深红千叶，叶开有黄点如洒。

蜜萼，蜜色千叶。

导金莲，深黄色千叶。

通州红，娇红千叶。

紫双飞，紫色千叶，每花有二心。

蜜探，蜜色千叶。

金芙蓉，深黄千叶。

锦芙蓉，红黄千叶。

紫芙蓉，淡色千叶。

玉芙蓉，粉红千叶。

红芙蓉，淡红千叶。

黄荼蘼，蜜色千叶。

白荼蘼，白色千叶。

黄芍药，重黄千叶。

蜜芍药，蜜色千叶。

白芍药，白色千叶。

紫芍药，淡紫千叶。

金雀舌，重黄千叶，叶尖如雀之舌。

白雀舌，玉色千叶。

锦雀舌，红黄色千叶。

粉雀舌，粉红千叶。

紫雀舌，淡紫色千叶。

蜜雀舌，蜜色千叶。

相袍红，深红色千叶。

银朱红，娇红千叶。

倚栏娇，淡紫千叶，花头倒侧如倚。

赭袍黄，深黄千叶。

胜荷红，粉红千叶，花如荷瓣。

采石黄，淡黄千叶。

紫蔷薇，淡紫色千叶，小花。

黄眉，嫩黄千叶。

福州，艳紫千叶。

邓州白，千叶大白花。

邓州黄，淡黄千叶。

蜜叠雪，蜜色千叶。

白叠雪，白千叶。

莲肉红，肉红千叶。

红蛾娇，红色千叶。

玉蛾娇，粉红千叶。

粉莲，粉红千叶。

海棠春，娇红千叶。

佛座莲，粉红千叶。

黄楼子，淡黄千叶，叶起如楼子。

茄菊，淡紫千叶。

紫袍金甲，深紫单叶，中心细管上作黄色。

檀香毬，重蜜色千叶。

白罗毬，白千叶，如毬。

蜡锁口，花似金锁口，黄蜡色。

金琐口，大红多叶，叶周边作黄色。

黄木樨毬，蜜色千叶，如毬，开花极后。

白木樨毬，白千叶。

白罗伞，白千叶，叶下垂如伞。

罗山锦，红黄千叶，反叶成毯。

罗山紫，重紫千叶，成毯。

紫绶金章，红黄千叶。

紫间金，深黄、重紫二色，千叶。

胜绯桃，深红千叶，小花。

万管红，深红千叶，叶如管。

剪金红，深红千叶。

红剪绒，淡红千叶，叶细茸如剪。

黄玉楼春，淡黄千叶。

白玉楼春，白千叶。

并头红，重红千叶。

二色并，金红、重红二色，千叶。

通州黄，重黄千叶。

金莲宝相，红黄千叶。

红莲宝相，娇红千叶。

大金毯，深黄千叶，如毯。

御袍黄，重黄千叶。

玉指甲，粉红千叶。

金剪绒，深黄叶，叶茸如剪。

蜜彩毯，蜜色千叶。

水晶毯，初开微青，后白，千叶，如毯。

鸡冠紫，深紫千叶。

象牙毯，初开微红，后苍白色，千叶。

银红鸡冠，淡红千叶。

鸡冠红，深红千叶。

状元紫，深紫千叶。

金凤毛，深黄千叶。

银纽丝，白色千叶。

龙须黄，嫩黄千叶。

莺羽黄，娇黄千叶。

剪金黄，淡黄千叶，如剪。

胜紫衫，深紫千叶。

傲霜黄，嫩黄千叶。

荔枝丹，红黄千叶。

报君知，深黄千叶，开于九日前。

白雪团，白千叶，小花。

黄丁香，深黄千叶，小花，又名满天星。

黄万管，嫩黄千叶，叶如管。

赤丁香，红黄千叶。

紫玉莲，粉红千叶，小花。

锦八宝，红黄千叶。

僧衣红，淡黄红千叶。

锦玲珑，红黄千叶，小花。

五色梅，单叶小花，花具五色。

黄都胜，红黄千叶，花朵丰大。

五月白，白花千叶，一岁中开五月、九月二度。

状元黄，深黄千叶。

金纽丝，重黄千叶。

宾州红，淡红千叶。

粉剪毯，粉红千叶，叶茸如剪。

茶菊，淡黄千叶。

紫剪毯，淡紫千叶，如粉色者。

黄玉莲，嫩黄多叶，小花。

［近代］吴涵等四人《菊花图》

相袍黄，淡黄多叶。

锦荔枝，红黄多叶，中有黄心。

金盏银台，四边白色，中心正黄，千叶。

甘菊，深黄多叶，花极小。

小金眼，深红多叶，中有黄心。

大金钱，深黄多叶，小花。

银茉莉，单叶小白花。

冬菊，深黄多叶，开以十月。

白冬菊，多叶，小白花。

黄蛮裘，娇黄千叶。

附　录
夷门广牍提要

　　《夷门广牍》一百二十六卷，通行本。明周履靖编。履靖字逸之，嘉兴人。是编广集历代以来小种之书，并及其所自著，盖亦陈继儒《秘笈》之类。夷门者，自寓隐居之意也。书凡八十六种，分门有十：曰艺苑，曰博雅，曰食品，曰娱志，曰杂占，曰禽兽，曰草木，曰招隐，曰闲适，曰觞咏。观其自序，艺苑、博雅之下有尊生、书法、画薮三牍，而皆未刊入。所收各书，真伪杂出，漫无区别。如郭橐驼《种树书》之类，殆于戏剧，其中间有一二古书，又删削不完。如《释名》唯存《书契》一篇，而乃题曰《释名全帙》，尤为乖舛。其所自著，亦皆明季山人之窠臼。卷帙虽富，实无可采录也。

　　　　——《四库全书总目》卷一百三十四《子部·杂家类存目十一》